THE REAL WORK OF DATA SCIENCE：

Turning Data into Information, Better Decisions, and Stronger Organizations

数据科学的真谛：

将数据转化为信息，赋能决策与组织

〔以色列〕罗恩·S. 科耐特（Ron S.Kenett）
〔美〕托马斯·C. 雷德曼（Thomas C.Redman） 著
游越　萧群　刘素清　译

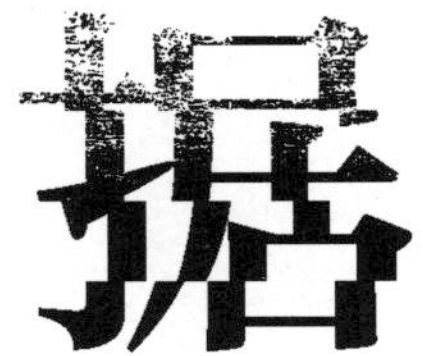

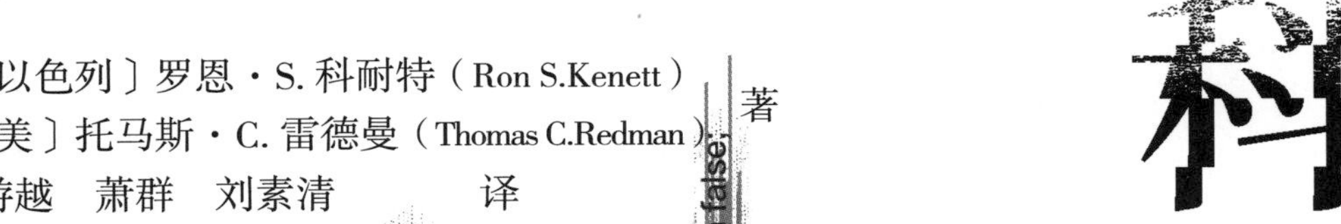

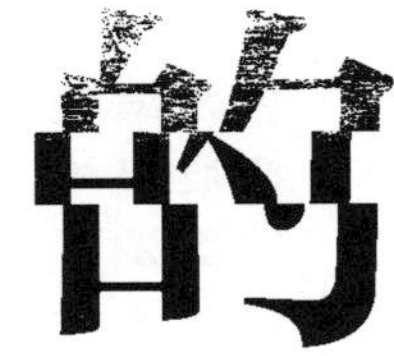

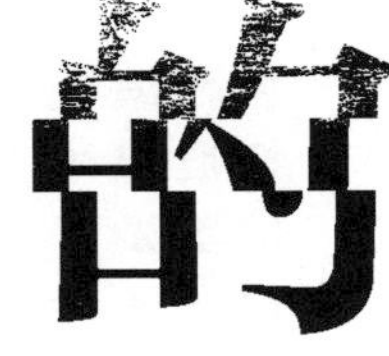

北京大学出版社
PEKING UNIVERSITY PRESS

著作权合同登记号 图字：01-2019-6419

图书在版编目（CIP）数据

数据科学的真谛：将数据转化为信息，赋能决策与组织 / (以) 罗恩·S. 科耐特 (Ron S. Kenett), (美) 托马斯·C. 雷德曼 (Thomas C. Redman) 著；游越，萧群，刘素清译. -- 北京：北京大学出版社，2024. 12.

ISBN 978-7-301-35843-6

Ⅰ. TP274

中国国家版本馆CIP数据核字第2025XW9172号

THE REAL WORK OF DATA SCIENCE: TURNING DATA INTO INFORMATION, BETTER DECISIONS, AND STRONGER ORGANIZATIONS by Ron S. Kenett and Thomas C. Redman, ISBN 978-1-119-57070-7

书　　名	数据科学的真谛：将数据转化为信息，赋能决策与组织 SHUJU KEXUE DE ZHENDI: JIANG SHUJU ZHUANHUAWEI XINXI, FUNENG JUECE YU ZUZHI
著作责任者	［以色列］罗恩·S. 科耐特（Ron S. Kenett） ［美］托马斯·C. 雷德曼（Thomas C. Redman）著 游　越　萧　群　刘素清 译
责任编辑	张　敏
标准书号	ISBN 978-7-301-35843-6
出版发行	北京大学出版社
地　　址	北京市海淀区成府路 205 号　100871
网　　址	http://www.pup.cn　新浪微博：@北京大学出版社
电子邮箱	总编室 zpup@pup.cn
电　　话	邮购部 010-62752015　发行部 010-62750672　编辑部 010-62752021
印 刷 者	三河市北燕印装有限公司
经 销 者	新华书店
	650 毫米 ×965 毫米　16 开本　12 印张　128 千字
	2024 年 12 月第 1 版　2024 年 12 月第 1 次印刷
定　　价	48.00 元

目录

CONTENTS

关于本书的一些评价

这两位作者是世界一流的数据分析师、数据管理专家和数据质量控制专家；他们在这一领域的造诣比我们认为的要深得多。这本著作易于操作和理解，并且聚焦于数据科学领域最重要的内容。只要你想了解数据科学，就应该读一下这本书。

托马斯·H. 达文波特（Thomas H. Davenport）
巴布森大学特聘教授、麻省理工学院数字经济项目成员

我很喜欢这本书。本书讨论了那些困扰了几代统计学家的难题，包括当前我们所要面临的议题，比如计算机大数据等等。

大卫·考克斯（Sir David Cox）
努弗菲尔德大学校监、牛津大学统计学教授

看完概要和序文我就爱上这本书了！多么有创意的方法！这种方式展现了作者叙述好故事的能力——这是优秀数据分析师最为重要的素质之一。

霍莉林妮·S. 李（Hollylynne S. Lee）
北卡罗来纳州立大学数学与统计学教授、
佛莱迪教育创新学院教员

导致商业失败的原因往往是管理而不是技术。在当今复杂又多变的数字时代，《数据科学的真谛》一书给出的建议十分重要。读一读，用一用。

约翰·A. 扎克曼（John A. Zachman）
FEAC 中心主席、扎科曼国际执行总监

如果你正在困惑于如何解决“大数据”带来的难题、想知道真正的挑战和解决办法是什么，你一定要读一下这本书。作者罗恩（Ron）和托马斯（Tom）并没有纠缠于技术概念，而是专注于企业在应用数据学时所面临的真实问题和机遇，这本书一定会对你的组织有所帮助。

杰夫·麦克米兰（Jeff MacMillan）
摩根士丹利财富管理组首席数据分析师

极度需要的一本书！

尼尔·劳伦斯（Neil Lawrence）
谢菲尔德大学人工智能学教授、
亚马逊人工智能项目负责人

超过 80% 的数据科学项目都是在实施阶段就以失败告终，有的部分失败有的全盘皆输。大量的书籍都是在技术和机制层面探讨数据科学，几乎没有书籍指导数据分析师与管理人员如何实现数据学与组织的全面整合，从而取得项目成功。这本书填补了这一空白，写得非常棒。

彼得·布鲁斯（Peter Bruce）
数据教育中心创始人和首席学术官

我认为这本书非常适合作为数据学的入门读物。这本书适合大学生学习，也适合数据学教授拿来做专业课程的教材。

露西安娜·达拉·瓦勒（Luciana Dalla Valle）
英国普利茅斯大学计算、
电子和数学学院统计学讲师、
数据学和商业分析项目负责人

《数据科学的真谛》一书所陈述的问题是数据学中的软性问题，正是这些问题决定了许多数据科学项目的成败。这本书让更多的人了解数据科学家和首席分析官的工作。选择正确的模型方法是许多书籍讨论的重点，但其实这只是整体工作中非常小的一部分，本书则会让你看到真实世界中数据科学所面临的残酷现实。

亚历山大·博雷克（Alexander Borek）
大众汽车公司数据与分析部全球总监

数据科学对于提升管理水平和做出正确决策而言都是非常重要的。究竟什么是数据科学？两位作者给出的定义是目前我见过的最好解释。他们阐述了以下各个环节中的关键问题：如何找到真正的问题、如何收集到准确的数据、如何进行正确地分析、如何做出最优决策以及如何衡量这些决策的实际影响。本书应当作为统计与计算机系、商学院、分析机构的必读书目，对于所有的商业管理人员更是如此。

A. 布兰顿·戈费雷（A. Blanton Godfrey），
约瑟夫·D. 摩尔（ Joseph D. Moore）
北卡罗来纳州立大学威尔逊纺织学院特聘教授

前 言

本书源于一次偶然的会面，当时罗恩对托马斯发表的一篇关于数据科学的文章进行了回应。他们不停地讨论，很快缩小到一个共同的主题：为了帮助公司和组织更好地利用数据和统计分析，我们需要的不仅是技术才能。对我们两人来说，我们最成功和最具影响力的项目都受益于其他因素，如了解问题、缩小聚焦点、以有力的方式传达简单的信息、在正确的时间出现在正确的地点以及取得决策者的信任。相反，我们的失败并非源于拙劣的技术工作，而是源于未能在正确的问题上与正确的人或以正确的方式连接起来。

我们都曾分别就这些主题的某些方面写过文章。罗恩研究了如何使用一个名为"InfoQ"的框架来生成信息质量，托马斯研究了数据质量，称为"数据文档"。我们想知道，通过我们的共同努力是否可以帮助公司和其他组织里的数据科学家取得更多更大的成功、承受更少的失败。

时尚、潮流还是根本性的变革？

众所周知，广义的“数据”非常流行。而“数据科学”，包括传统统计学、贝叶斯统计学、商业智能、预测分析、大数据、机器学习和人工智能，当下也备受关注。在不断增长的商业需求、社交媒体、物联网以及计算能力的推动下，基于政府和各行业优良的统计传统，我们取得了许多伟大的成功。标志性的新公司有亚马逊、脸书、谷歌和优步。与此同时，我们也面临着许多问题：2018 年初的脸书 / 剑桥分析公司丑闻突显了我们的隐私担忧（Kenett et al. 2018），许多人担心，数以百万计的工作岗位将会被人工智能取代，分析项目现在仍有很高的失败率，还有一些众所周知的“成功”努力导致了巨大损害（O’Neil，2016）。

数据和数据科学会推动下一个经济奇迹吗？它们是否会做出实实在在的贡献？积极的影响会多于消极的吗？或者它们只是另一种时尚，局限于一堆失败的想法？更糟糕的是，它们会把我们整个社会结构置于危险之中吗？这一切都是未知的。

我们知道的是，数据和数据科学真的可以是变革性的，提高客户满意度，增加利润，并使人们更强大——这是我们亲眼所见。我们相信，在上述问题中，数据科学家发挥着巨大的正面作用。这个过程需要令人难以置信的投入、决心和毅力。我们鼓励数据科学家、统计学家和那些管理他们的人参与到这个事业中，就像我们一样。我们要尽一切可能使他们全副武装。

数据科学家和首席分析官

写这本书的时候，我们采用了四个“角色模型”作为读者。第一位是萨莉（Sally），31 岁的数据科学家，在一个中型部门或公司工作。萨莉的工作包括制作管理报告，尽管她确实有时间从不断增加的不可靠数据中发现要点。她的头衔可以是任何“数据科学家”“统计学家”“分析师”“机器学习专家”等等。我们很清楚，有些人可以看出这些头衔之间的差异。但是这些区别对我们来说毫无意义。无论你是统计学家、计算机科学家、物理学家还是工程师，你的工作都是将“数据转化为信息和更好的决策”，这是我们的职责所在。

我们的第二位读者角色是迪维什（Divesh），这位 50 岁的先生在他的部门、业务组或公司里做最高级别的分析工作。他可能有“首席分析官”“数据科学主管”或类似的头衔。迪维什可能没有接受过正式的数据科学培训，但他是一位经验丰富的管理者。虽然迪维什的日常工作是在他的部门内管理数据科学，但在他的职责范围内，他还肩负着“建立更强大的组织”这一特殊责任。

布莱恩（Brian）是一位可靠的工业统计学家，46 岁，内部顾问，是我们的第三个角色。布莱恩面对数据科学既困惑又感到威胁，而且他总是在旁观。我们认为布莱恩可以做更多，所以鼓励他一起努力。

第四个角色对数据科学和本书有着巨大的影响。她是伊丽莎白（Elizabeth），是一个部门、事业部甚至是整个公司的管理者。莉斯

（伊丽莎白昵称）在大学里讨厌统计学——这是一门必修课，教得很差，和她的其他课程也没有关系。在过去的几年里，她看到了数据和数据科学越来越强大的力量，并刚刚开始探索这对她的部门意味着什么。莉斯对这种可能性既感到兴奋，又担心她的努力会惨败。

最重要的是，莉斯的成功或失败将决定数据科学的未来。她可以忽略它（而且有很多很好的理由这样做），也可以成为一个越来越高标准的客户。如果她完全接受数据和数据科学，她就可以推动部门的变革。

本书简介

萨莉、迪维什和布莱恩的需求不同，但他们也有共同点。他们的工作是将数字转化为信息和观点。只有能够指导决策，并且由此为工作场所带来积极影响，他们的分析才有价值。换句话说，他们需要帮助莉斯成功。我们将我们的经验打包成与四个主要角色直接相关的 18 个章节。我们不处理技术问题，而是专注于数据驱动转型中的成败因素。

这些章节涵盖了数据科学家在组织中采取的不同步骤。我们讨论了他们作为个体以及其组织内职位所扮演的角色。我们提供了许多帮助过我们的模型，讨论了分析工作中硬数据和软数据的集成，并且强调了影响力的重要性（相对于卓越的技术）。这本书还提供了一个背景，开拓了许多数据分析专家通常不会探索的场景。

我们的研究基于伯克斯（Box），布赖曼（Breiman），考克斯（Cox），戴明（Deming），哈恩（Hahn），图基（Tukey）等统计学家和卡纳曼（Kahneman），特维斯基（Tversky）等认知心理学家的贡献，同时也受益于研究当前和未来挑战的其他学科的开拓者。我们还将理论和应用、过去的贡献和现代发展、组织需求和实现它们的手段整合了起来。

我们竭尽所能直接谈论主题。本书可以帮助你从更广阔的角度来思考你的工作。那些寻求“如何做”的人将会很失望。它确实提供了概述、基准和目标，但你必须制订自己的具体行动计划。

如果读者接受本书介绍的观点，并能以最适合自身技能水平、决策者需求和组织文化的方式去应用这些观点，我们就成功了。数据和分析可以使组织向好的方向转变——我们鼓励数据科学家和应用统计学家尽他们的一份力，帮助决策者变得更高效，并使这种变革朝着正确的轨道前进。

崇高的使命

这是一个属于数据科学家的时代!《经济学人》杂志曾自豪地宣告数据是“世界上最有价值的资源[1]”，经济学家范里安（Hal Varian）以及白宫特聘科技教授托马斯·达文波特[2]也先后评价统计科学与数据科学“是20世纪最性感的工作”。在网上搜索“数据科学家”一词，我们可以找到以下定义：“数据科学家指的是通过科学方法对原始数据进行解读并使其具有意义的专业人士”。[3]对统计学家和数据

1 Cover of the May 6, 2017, issue.

2 http://hbr.org/2012/10/data-scientist-the-sexist-job-of-the-21st-century (Davenport and Patil 2012)

3 http://www.datascienceassn.org/code-of-conduct.html (Data Science Association 2018)

分析师也有相似的定义。[1]然而我们相信这项工作可不仅仅是对原始数据进行有意义的解读，而是需要更多的技巧与知识。

本书要阐述的是这项工作如何在机构的组织生态里获得成功，全书基于我们多年以来在全球众多机构中积累的经验撰写而成，我们的目标是分享这些实践经验以及我们在实际工作中的前车之鉴。我们认为，数据科学家以及统计学家们的工作不仅能够让人们（组织的管理者以及服务和生产行业的专业人士）在短期内做出更好决策，同时长期来看还可以让组织变得更强大、能力更强。我们所说的“人”是指组织中的管理人员以及服务和生产行业的专业人员。这一观点对于学校、学院、实验室里的研究人员和教师也很重要，这意味着他们所做的工作是一项崇高的使命。当你被信任的时候，你更容易在真正重要的抉择上做出贡献。

真正的数据科学事业需要全身心地投入：要用简洁的商业或者科学术语帮助他人找到问题所在与机会所在；要理解哪些数据需要多关注，它们的优缺点是什么；要确定什么时候需要新数据；要解决数据的质量问题；要通过数据分析减少不确定性；要知道什么时候数据无能为力，而直觉该上场了；要以简单、有说服力的方式演示结果；要知道所有重要的决策都需要考虑政治现实因素；要能够与他人协作；同时能够支持实践决策。然而这些内容在统计学以及数据学的课程中涉及的还远远不够。

1 我们在此处交替使用的数据科学、数据分析、统计学等概念都是广泛被大众所认可的定义。个中差别并不是本书的讨论重点。

一个让人不安的现状是大部分企业只获得了数据和统计信息的部分价值。数据科学家和机构管理者（比如首席分析官、首席数据科学家以及那些雇用数据科学家的专业人士[1]）应当学会解决遇到的障碍。数据科学的实际工作内容不仅包括提升企业员工的能力，比如简单的数据分析能力、理解较为复杂数据的能力、理解数据的价值和影响变量、能够将数据分析和个人直觉进行整合；也包括把合适的数据科学家、统计学家放在正确的位置上；还包括向资深的企业领导层普及数据的价值，使他们成为更好的数据科学用户，并意识到自己能够为这一工作做出哪些贡献；同时也能够搭建有效且高效支撑以上这些工作的组织架构。这就是本书要阐述的内容。

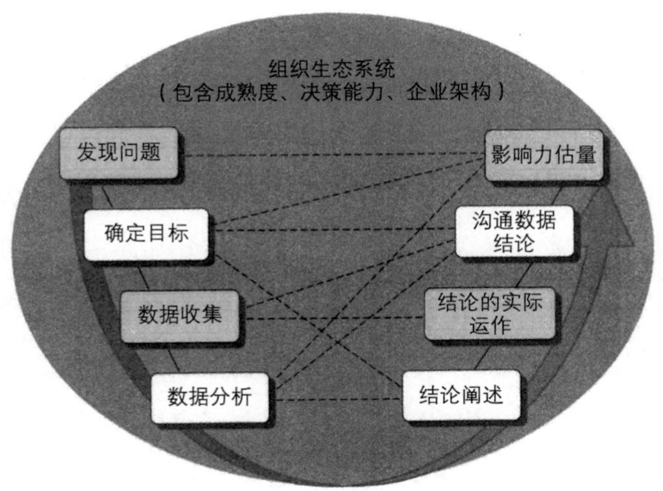

图 1.1　组织生态系统中的数据分析生命周期流程

1　这些不同的角色本身存在差异，但是我们可能会交替使用，他们之间的区别不是本书的重点。

要想实现数据的附加价值需要更广阔的视角。图 1.1 提供了组织中数据分析的全生命周期视角（Kenett, 2015），从图中我们也可以看出，这一过程是高度重复的（Box, 1997）。

生命周期视角

生命周期视角的引入是为了让数据科学家更好地协助决策者。接下来我们逐一介绍数据分析生命周期流程的各个步骤。

问题引出：发现问题

我们观察一下牙医的工作：首先你要告诉牙医你的症状，然后医生会让你坐在椅子上，观察你的口腔内部并作出诊断、解决问题，然后告知什么时候复诊，如果幸运的话这些工作会在 1 小时内完成。

一个富有经验的数据科学家更了解这个过程。我们会在第 2 章具体介绍这类数据科学家。为了了解用户（比如决策者）的需求，数据科学家会认真聆听用户并且问一些启发性问题，从而获取更多的相关信息。他们遇到的或许是一个正在苦恼于返工造成了巨大运营成本的运营经理，也或许是一个想拓展新市场的市场营销经理，又或许是一个要减少人员流动的人力资源经理。经验丰富的数据专家也会通过顾客的身体语言发现一些隐含的信息：客户是否有不可告人的目的？他或她是否正在为一场政治争论寻找支持或者想让他人难堪？

如同许多其他问题一样，我们不能就这一话题讨论太多，如果希望解决问题，就需要理解真实问题所在。数据分析工作的质量主要取决于对问题的理解（Kenett and Shmueli, 2016a），这方面我们会在第 3 章、第 4 章讨论。

明确目标：明确短期与长期目标

不要期待决策者能够清晰认识问题所在。麦迪逊威斯康星大学（University of Wisconsin）著名的统计学者比尔·亨特（Bill Hunter）讲过两位来咨询意见的化学家的故事。当比尔·亨特让他们描述遇到的问题时，这两个人进行了很久的讨论，这次讨论使他们重新定位了需要解决的问题，而这个问题比之前的问题容易得多，因此他们根本不需要比尔的帮助了。他们衷心感谢了比尔，然后离开了他的办公室（Hunter, 1979）。比尔的角色看似渺小，但其实非常重要。

敲重点，要想完全理解问题所在需要全面考虑问题产生的背景，也包括总体目标。详细内容见第 4 章。

数据收集：找到相关数据来源并且收集数据

柯布与摩尔（Cobb and Moore, 1997）曾经提到过："统计学需要一种不同的思维，因为数据并不只是数字，它们是具有特定语境的数字。"语境有助于找到相关的数据源及其解释。

我们以科耐特与曲勒戈（Kenett and Thyregod, 2006）的故事为例。他们用四年级课本中的一个练习题来展示特定语境的重要性，以及如何把数字转化成数据。图 1.2 记录了丹麦七月份雪糕的每日销量，但是图中并不显示每一天是周几。在七月经历了连续 9 日的炎热天气。学生需要：(1) 找到那些最炎热的日子；(2) 确定哪些天是周日。

图 1.2 本身只显示了 31 个数字。但是丹麦的学生们清楚知道他们的父母在炎热的天气或者周末更愿意给他们购买雪糕。因此这些小孩子很容易就完成了布置的任务。

背景信息能够揭示数据从哪儿产生，比如销售门店、实验室或者社交媒体统计。数据专家需要清晰了解这些背景信息，并且认清哪些数据与问题有关。更多内容见第 5 章。

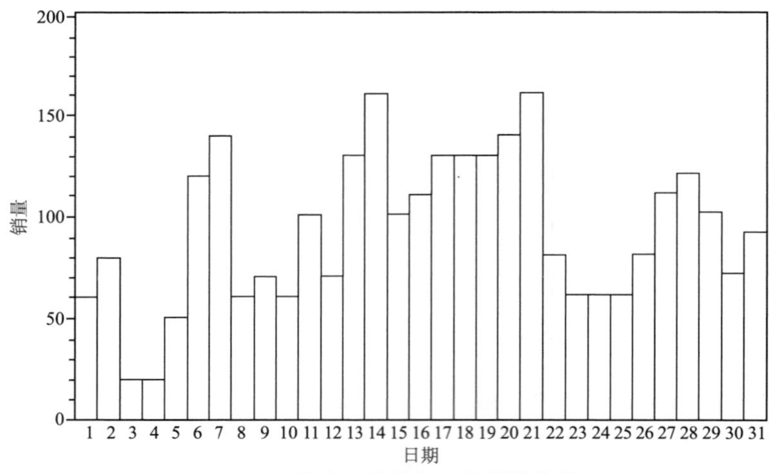

图 1.2　丹麦七月份每日雪糕销售量

数据分析：使用描述、分析和预测方法

这是一项关于“从数据当中创造意义”“从噪声当中分离出信号”“将数据转化为信息”等内容的工作。这方面例子很多，我们以 eBay 拍卖为例，你想在 eBay 上出售一个物品时，需要先定一个“底价”。如果最后的拍卖价格不高于底价，物品就不会进行交易。在

eBay上，卖家可以向买家公开物品底价，或者设置一个隐藏底价（买家知道该物品有底价，但不知道底价多少）。

卡特卡尔与赖利（Katkar and Reiley, 2006）就曾经对这一选择进行过研究，数据来自于一项在eBay的销售实验，他们销售了25对相同的神奇宝贝卡牌，每一对卡牌都进行了两次拍卖。第一次是以公开底价的方式，另外一次是以隐藏底价的方式，他们收集了这50场拍卖的完整数据，用线性回归与显著性检验的方法来量化公开底价和隐藏底价对最终价格的影响（如果有的话），最后得出了一个大家都很容易理解的结论：隐藏底价比公开底价的最终售价平均低0.63美元。

我们对数据分析工作本身不太担忧，唯一担心的是有个重要的问题在数据学教育中不太涉及。现实的残酷之处是，有太多数据根本就不适合用来做分析（Nagle et al. 2017），数据专家花费了太多时间在数据质量问题上，而不是在数据分析上。高品质的数据对于任何分析来说都是极为重要的，特别是在认知科技方面（Redman, 2018b）。所以数据科学家需要解决这个问题，更多内容见第6章。

形成结论：阐述结果与建议

数据分析产生的结果包括描述性统计、P值、衰退模型、方差分析表格（ANOVA）、控制图、树形视图、丛林状图、神经网状图、系统树图等等。许多图表都超出了决策者的认知范畴，所以对数据专家来说将这些图表翻译成决策者能够理解的语言就显得极为重要。

此外，数据专家需要揭示结果中隐含的信息，并且给出具体的行动方案。换种说法，数据专家不能只是“把数据与结论丢过去”就当作完成了任务。相反，他们需要确保决策者在决策者所处的语境中也能够理解所得出的结论。因为高层管理人员、中层管理人员以及知识工作者都是重要决策的相关者，数据专家需要为他们提供不同的结果展示方案，并且以不同的方式与他们沟通，详略程度和形式都不相同。

数学统计里的各种概念与标注让许多人望而却步。相反，用经过精心设计的图表来展示是不错的选择。不能用图表展现的内容很可能没有沟通价值。保持图表与幻灯片的简洁，维持较低的文字信息比例，同时避免使用抽象符号等（Tufte, 1997）。在第 7 章有一个更简明的例子。

一个典型的例子是一个分析员发现一些资深决策者不理解网络健壮性相关的技术术语。分析员把这个问题具体化，用一个有名的童话故事来类比：“首先我们要决定的是我们需要建造一个什么样的网络：‘熊宝宝网络’‘熊妈妈网络’或者‘熊爸爸网络’，这就意味着……”这样所有人都明白了。

虽然实际的决策是由其他人做出的，但我们希望在企业周期模型里通过分析去支持决策，哪怕只是一个倾向性决策，这就是这一步的结论。

结论的应用：什么时候什么人以什么方式干什么事情

数据科学家的工作不会随着决策的制定而终止。相反，他或她应该跟进决策的执行，帮助将结果转化成实践（如规范操作流程），解答肯定会遇上的问题，评估新出现的数据并且在超出原始分析范围的时候给出建议。

人们很容易就跳过这一步。但数据科学的价值正是在分析与决策付诸实践时才得以体现，而不是在之前那些步骤中。更多内容见第 8 章。

结论的沟通：与利益相关者沟通结论、决策以及对其影响

到目前为止，只有一小部分人与我们提到的这些数据工作相关。但重要的决策却会影响到成千上万乃至数百万人。因此在这一步，数据分析结果必须传达给所有可能受到影响的人，而不只是那些参与决策的人。虽然这项工作大多是决策者需要考虑的，但数据科学家还是应该积极给予支持。

影响力估量：计划并实施评估策略

虽然评估他们的影响超越了支持决策者的范畴，但数据分析师应该这样做，而且要尽可能获得确定的数据。当然，正如比尔·亨特的插图所展示的那样，这并不总是能够实现。即使你能够得到确定的数据，也还要了解决策者的反馈。

最后我们应该坦诚地评估一下，自己下一次如何能够做得更好。更多内容见第 9 章。

组织生态系统

数据科学的工作主要在复杂的组织环境中发生，这种复杂环境对于数据工作的有效性既可能是促进也可能是限制，这两种情形很多时候甚至会同时出现。数据科学家以及首席分析师（CAO）必须熟悉整个“组织生态系统”，并随着时间推移不断改善其中的一些组成部分。

“数据驱动”这一词语已经成为术语。我们经常会看见一些关于数据驱动营销，数据驱动人力资源以及数据驱动技术等的华丽辞藻。在热闹炒作背后，更深层的强大内核是对于更好的决策和更强大组织的期待。在这种期待下，越是以数据为驱动的组织，决策者对数据科学家的要求就越高，他们对复杂数据分析的态度就越严肃认真，也就会为了获得高质量数据、清晰的决策权以及提升决策能力而投入更多。因此聪明优秀的分析师以及首席分析师会投入大量可观的时间在自身和各级决策者的培训上，让大家了解“数据驱动”这个强大的概念，并共同努力在组织当中推进它。

我们会在第 10 章详细讨论什么是数据驱动。毫无疑问，任何形式的偏见都与数据驱动的决策截然相反。数据分析师首先需要做的是消除在自身工作中的偏见——在第 11 章我们会谈论更多。第 12~14 章的关注点主要在教育。第 12 章建议数据科学家从与同行和其他决策者相关的基础知识开始。第 13 章采取的是一个稍微不同的策略。它认为，高要求的客户（如决策者）会为推动数据科学及数据驱动文化的发展做出更多努力，就像他们推动其他任何事情一样。因此该章节提供了一个问题清单，以便决策者知道该问些什么。

大数据、人工智能、安全问题、欧盟《通用数据保护条例》（GDPR）、数码化等相关新闻可谓铺天盖地，因此，高层领导很难通过具有前瞻性的视角去预测未来数据科学的发展空间。第 14 章所考虑的就是数据科学的未来蓝图，帮助首席分析官建立更开阔、更深入的视野，帮助组织的高层认识到相关风险与机遇。

组织结构

不幸的是，数据分析师在组织中的位置决定了他们的权限。比如一个维护部门的分析师可能会被拒绝从营运部门获取相关数据，原因仅仅是由于两个部门的领导在竞争同一个晋升机会。尽管数据分析师认为自己的工作是最重要的，但办公室政治就是不可避免。首席分析官与数据分析师最好接受这一事实，并且努力在正确的位置发挥作用。第 15 章有更多介绍。

组织成熟度

最后，不同的组织对数据科学有不同的需求，差别主要在它们的成熟程度。这些需求涉及的范围很广，处于救火情况的组织，其数据需求更加基础、紧急，而学习型组织则需要更深层的数据分析和预测。更多内容请参见第 16、17 章。

再次强调——我们的目标

基于上述背景，我们的目标是帮助数据分析师以及首席执行官变得更有效率。也就是说我们要协助数据分析师做出更好的决策分析，协助首席分析官建立更为强大的组织，而不是要求过高。我们把所有相关的资料编绘成 18 个集中的章节，内容主要是关于数据分析的生命周期和企业生态系统，同时也包括其他相关话题。比如说下一章将探讨优秀的数据科学家和卓越的数据科学家之间的区别。每一章都很精简。

综上，本书主要希望展现一个关于数据科学真实工作的广阔视角。我们的目标是拓展你的视角，并且引发深度的思考，同时协助你发展洞察力，使你能够成为一个高效的数据科学领域的开发者、参与者与消费者。

优秀的数据科学家与卓越的数据科学家之间的区别

优秀的数据科学家与卓越的数据科学家的差别就是萤火虫跟闪电之间的差距[1]。事实上，他们是两种完全不同的类型。

优秀数据科学家的工作常常是从大量零散而且质量欠佳的数据中发现隐藏的结论。这是一项要求很高的工作，但是，优秀的数据科学家能够从客户需求中发现新的想法、能够理解流程变化的原因并且了解业务如何开展，而其他人却做不到。他们是罕见又极具价值的贡献者。

而卓越的数据科学家有着不同的思维方式。他们不仅在数据当中寻找新见解，还倾向于在更广阔的世界中寻找新见解。当然，他

1 本章部分内容基于雷德曼（2013a, 2017a）在《哈佛商业评论》发表的电子论文撰写而成。

们会使用数据去达成目的，但他们也会利用其他任何能够获取到的工具。

为了说明这一点，我们来看看对 2016 年美国总统大选的选举预测。截至 2016 年 11 月 7 日，民调专家预测希拉里（Clinton）有很大可能性会战胜特朗普（Trump）：

表 2–1　2016 年美国总统大选选举预测

民意调查	希拉里获胜概率
538 数据网站（内特・希尔瓦主编）	72%
纽约时报	86%
普林斯顿选举委员会（PEC）	＞99%

关键是，上述调查机构并没有亲自进行民意测验。相反，他们通过别人的原始数据来建立模型。我们对内特・希尔瓦（Nate Silver）以及他主编的 538 数据网站的结果印象深刻，值得赞扬的是，希尔瓦先生在选举前的最后一份报告中承认了民意调查数据的薄弱之处。尽管我们不知道谁负责这项工作，但我们相信《纽约时报》和普林斯顿选举委员会雇用的只能算是优秀数据科学家。想了解更多选举调查的内容可以参考科耐特等人的论文（2018）。

卓越的数据分析师会撒下一个更为广阔、深入的网。通过“深入地”分析历史民调，认清自身的优劣利弊。在这个过程中，他们能够了解到选民是如何对民调专家撒谎的。在一间混合所有制企业里，没有一个人宣称会投票给特朗普。但私下很多受访者都会承认，“我想投给特朗普，我只是不希望我的太太（丈夫）知道”。

同样，仅有少部分媒体评论说，他们感觉特朗普选举集会上的声援比希拉里的要强得多。他们推论，那些私下表示要投票的选民很有可能真的去投票了。即使是一小部分选民撒了谎或者民调专家对民调结果抱有一点点不适当的乐观都可能会扭曲真实结果。而卓越的数据科学家会进行一些简单的模拟来获取更多信息。

此外，还有许多人基于经济数据、失业率、上一届美国超级碗冠军等因素来预言总统选举的获胜者。这就使得一个卓越的数据科学家需要涉足非常广。比如，有人指出美国人规避政治王朝，所以当一个党派连任两届总统后，民众自然就会倾向支持另一党派。2016 年之前，我们统计了 8 次相关的选举，“另一党派”获得了 6 场胜利。按照这一逻辑，有人预估特朗普的胜率就是 6/8=75%。

需要注意的是，卓越的数据科学家不仅仅是寻找最优的数据组合、最优的解释或模型。他们还会尝试理解不同的观点，从而发现不同观点之间互相支持或冲突的部分，以及这些观点预示了哪些变化和隐藏了哪些信息。他们跟各种各样的人交流，尝试新理论并毫不留情地抛弃那些不满意的部分，同时在不停寻找更多不同的数据。他们就是通过这些方法去发现世界是如何运行的！

附录 A 列举了这些数据科学家的一些特征。

在过去的岁月里，我们与数以百计的优秀数据科学家、统计学家和数据分析师共事，而其中只有少数卓越的数据科学家。全神贯注、不间断学习世界上各种事物的能力是卓越的数据科学家最关键的特征所在。卓越的数据科学家同时也具备以下 4 种特质：

（1）他们发展并且充分利用大型网络的优势。他们需要这些网络。他们感兴趣的领域很多，但不可能成为所有领域的专家。因此，卓越的数据科学家与观点不同的人之间建立关系，从而能够更好地探索世界、从获得的新数据中学习，并且尝试各种发展中的理论。

（2）他们具有某种数据本领。卓越的数据科学家能够发现其他人发现不了的东西。比如，一个暑期实习员工（现在他凭借自己的分析能力已经成为一家媒体公司的负责人）进入某投资银行实习的第二天就展现出这种内在能力。上司给了他一堆文件去阅读，在浏览过程中，他发现了一个收益率计算上的错误，然后他花了大约一个小时就验证了错误所在并确定了改正方法。

关键是其他成千上万的员工都没有发现这一错误，这对他来说是显而易见的，但对其他人却不是。这一案例中的企业是一家顶尖的投资银行，据推测，至少有一些优秀的分析师读过这份材料，但大家都没能发现上述错误。对于描述现实世界而言，数学已经被证实了是一种便捷且有效到令人惊讶程度的语言（爱因斯坦用的词是“不合理的有效”）。卓越的数据科学家能够依靠直觉轻松地进入这种语言，这是优秀的数据科学家无法望其项背的。

（3）他们坚持不懈。卓越的数据科学家在许多方面都很坚持。上述案例中的实习员工一眼就发现了问题，并在一小时内证实了这一点，这种情况绝对是非常少见的。正如贝尔实验室的杰夫·胡珀（Jeff Hooper）所述，“数据并不会轻易向人们吐露真相，它必须经历长久的拷问才会供认不讳”。

这是件大事。即使在最好的情况下，也有大量的数据定义不清，甚至是完全错误的，还有很多根本与手头问题没有任何关系的数据。处理这些凌乱繁杂的数据是一份艰巨且令人沮丧的工作。即使是优秀的数据科学家也很有可能会跳过这个麻烦去研究下一个问题。而卓越的分析师能够坚持到底。

卓越的数据科学家会坚持让别人听到自己的声音。与顽固的官僚机构打交道可能比处理繁杂的数据更令人沮丧。上面案例中的那个实习生整个夏天都在为自己的发现辩护。所有犯下错误的小组都采取了强烈反击，甚至对他进行了人身攻击，还有一些人在为同事的疏忽开心庆祝。这个实习生被夹在了中间。卓越的数据科学家知道如何处理这种情况，并坚持克服任何困难。

（4）他们有原始的统计能力。使用各种最新的工具（包括常见的工具组合以及类似机器学习之类的新工具）获取数据并进行分析是非常重要的能力。但这些能力是能够学习的——相比之下统计数据的严谨性更值得关注。只有描述性分析和预测性分析两种分析方法可能会面临简化问题的风险。描述性分析已经非常难了，而真正具有利润价值的分析还要涉及预测的部分，预测本身又是充满了不确定性的（Shmueli, 2010）。

卓越的数据科学家接受不确定性。他们可以辨认出一个预测到底是有坚实的依据还是一厢情愿的想法。他们具有出色的觉察力，能够辨别哪些是预测前要准备好的事项，哪些工作可能会把事情搞砸，还有一些不确定因素需要花费很多精力，甚至会让他们彻夜难眠。如果条件允许，他们会量化上述不确定性，他们擅长利用简单的测试方法去验证或推翻假设、减少不确定性、从而探究下一组问题等等。

换句话说，有许多人认为，面对大数据，只要理解“相关性”就够了，不必深入了解复杂的“因果关系”。当然对一些问题来说这种想法是正确的，但对于最为重要的数据却不是这样的！理解因果关系能够引导分析师作出更好的预测。卓越的数据科学家会致力于建立因果关联。

因此他们需要在一个更高的层面进行泛化。只专注于手头的数据可能会导致“过量拟合”的状态，使得模型过于复杂而无法在后续工作中使用。科学的泛化会调用特定领域的知识、普遍性原则和直觉，这种方法远远优于交叉认证或者简单将训练集与预留集的结果进行比较（Kenett and Shmueli, 2016a）。

需要注意的是，我们所说的原始统计能力不是之前提到的“某种数据本领”，而是通过长期训练的、富有经验的、经过成功和失败的双重实践与磨砺而内化的能力。

部分上述内容在数据科学的课程中能够找到（De Veaux et al. 2017; Coleman and Kenett, 2017），但大部分内容并未包括在内。

总　结

一言以蔽之，数据科学家的真正工作是不断提高效率。你可能无法自学所谓的“某种数据本领”，但你可以从下述工作开始：培养业余兴趣、广泛阅读、建立一个广阔且多样化的网络、增强抗压能力的同时学习统计推理。而且你应该马上开始行动起来。

首席数据分析师真正的工作会更为复杂一些，在后面的章节我们会展开介绍。现在，大家应该明白了，卓越的数据科学家是真的非常独特。他们就是数据科学界的德瑞克·基特[1]（Derek Jeter）、迈克尔·乔丹[2]（Michael Jordan）、米凯亚·巴瑞辛尼科夫[3]（Mikhail Baryshnikov）和茱莉亚·罗伯茨[4]（Julia Roberts）。如果你对待人工

1　德瑞克·基特，1974 年 6 月 26 日出生于美国新泽西州，曾在美国职业棒球大联盟（Major League Baseball, MLB）纽约洋基队担任游击手，多次入选美国职业棒球大联盟（American League, AL）全明星队，是当时最受欢迎的球员之一。（https://www.britannica.com/biography/Derek-Jeter）

2　迈克尔·乔丹，1963 年 2 月 17 日出生于美国纽约，前职业篮球运动员，被公认为篮球运动史上最伟大的全能球员之一，他以其无与伦比的运动能力和竞技精神彻底改变了篮球运动，曾随芝加哥公牛队六次夺得 NBA 总冠军。（https://www.britannica.com/biography/Michael-Jordan）

3　米凯亚·巴瑞辛尼科夫，1948 年 1 月 27 日出生于苏联拉脱维亚，是 20 世纪 70 ～ 80 年代最杰出的男性古典舞演员。（https://www.britannica.com/biography/Mikhail-Baryshnikov）

4　茱莉娅·罗伯茨，1967 年 10 月 28 日出生于美国佐治亚州，美国女演员，她在不同角色中的精湛表演使她成为 20 世纪 90 年代至 21 世纪初收入最高、最具影响力的女演员之一。（https://www.britannica.com/biography/Julia-Roberts）

智能、大数据和高阶数据分析的态度是严肃认真的，你就需要找到一两个这样的人，围绕他们打造一个能够帮助他们开展工作的环境。

学习不同的商业模式

为了更有效率，数据科学家应该尽可能了解聘请他们的企业或机构，包括其客户、产品和服务；了解整个行业链，从主要合作伙伴到竞争对手；还要了解管理层对未来的展望。部分企业会向新员工提供良好的入职培训计划。尽管如此，业务学习依然是终身的命题。下面是一些有助于了解企业的方法。

年度报告

我们可以从企业年报开始。年报通常是为股份持有者和资本市场分析师提供的，但它也可以为数据科学家提供大量信息。企业领导层会陈述企业的愿景、短期和长期目标、过去一年的成绩以及未来几年的发展方向。

年度报告会带来许多重要的惊喜。你能猜出史蒂夫·乔布斯（Steve Jobs）最初对苹果公司的愿景吗？

答案是：乔布斯在阅读《科学美国人》杂志中一篇提到动物的相对效率的文章时，曾对人类的普通程度感到震惊。比如，我们都在不断把能量转化为行动速度，但是一旦人骑上了自行车，人类的能量转化效率就远远超过任何动物。乔布斯的最初愿景就是让苹果成为一辆人类“思想的自行车”。这一愿景推动了公司整体的产品设计和服务链条。

虽然许多组织的目标与愿景都是平淡无奇的，但对一些组织来说，那就是它们遵守的统一准则，也是组织内部各种战略发展的驱动力。

SWOT 与战略分析

评估一个企业或者任何组织的经典方法就是列出其优势、劣势、机遇以及威胁（即 SWOT）。在这一分析图中，优势和劣势代表着一种内部视角，机遇及威胁代表着外部视角。无数的管理会议讨论的其实都是 SWOT 分析。如果想了解一个企业，研究组织的 SWOT 是一种非常好的方法（Kenett and Baker, 2010）。

不同于 SWOT，战略分析通常主要专注于潜在的新项目或商业计划，涉及的范围很广，比如：

- 是否符合业务发展或企业战略
- 独创性
- 对业务发展的战略重要性
- 竞争优势的持久性
- 符合财务预期的回报率
- 技术的竞争影响力
- 成功的可能性
- 目标达成的研发成本
- 目标达成的时间
- 现有资金与开发新市场所需营销投资
- 对细分市场的影响
- 对于产品类型或生产线的影响

当数据科学家被要求一起参与新的商业计划时，他们应该要求查看一下上述这些方面的情况（甚至可以一起去做些研究）。

平衡计分卡与关键绩效指标

为了将愿景与战略转化为可测量的目标，许多企业使用平衡计分卡（Kaplan and Norton, 1996）。这个工具能够协助管理人员及时了解业务进展。最初的平衡计分卡主要包括以下 4 类：（1）财务业绩；

> **梳理价值结构**
>
> 一个组织的价值发挥着重要的作用，比如塑造其发展方向、价值选择，影响个人或者集体决策。本书作者雷德曼是在一家大型投资银行做第一个咨询项目时学到这一点的。当时他的任务是帮助公司整理数据质量项目，他给这个项目的定位是省钱，但发现效果很微弱。
>
> 一个与美国超级碗有关的偶然事件使雷德曼认识到，尽管他所在的投行很仔细地记录各项开销，但存钱并不是银行优先考虑的事情。相反，银行一直引以为傲的是收入增长与风险管理，沿着这个思路，雷德曼重新规划了数据质量项目，并且推动了它的发展。
>
> 这个小插曲说明了一个普遍的观点：想要了解一家公司，仅仅研究它的正式文件是远远不够的。数据科学家尤其需要关注的是：谁是最重要的决策者（如高层或更初级的工作人员）、他们的决策是如何确定下来的（如通过共识或由更高层人员来决定）以及在什么标准下做出的决策（如带动收入、增加股东价值、提高顾客满意度、监管关注或者创新等）。

(2) 顾客（如顾客满意度）；(3) 内部流程（如效率与安全）；(4) 学习与成长（如员工士气）。平衡计分卡提供了一种更广阔的视角来实现短期的财务目标与长期的非财务绩效之间的平衡。通常，上述每一个类别包括两个到五个关键性能指标（KPI），这些指标都是企业根据其战略量身定制的，然后将这些指标应用于自己的绩效仪表盘上。

目标是衍生出一系列与业务发展相匹配的指标，来监测和评估企业绩效。如果企业战略是要增加市场份额的同时削减运营成本的话，指标就很可能包括市场份额和单位成本。如果一项业务强调财务指标，如价格、盈利空间等，就会忽视价格高的小众产品的市场份额。每个指标都附带一个列表，包括指标目标、定位、度量和计划。俗语“管理我们能度量的东西”是有道理的。

公司范围内的 KPI 是按照业务线、部门甚至是工作小组进行细分的。最后，我们将其区分为滞后指标、实时指标和领先指标：

- 过往表现（滞后指标）
- 当前表现（实时指标）
- 未来表现（领先指标）

滞后指标主要包括：传统的会计指标，如利润率、销售额、股东价值；顾客满意度；产品及（或）服务质量；员工满意度（Kenett and Salini, 2011）。这些都非常有效，因为它们显示了业务的整体发展状况。与此同时，一些人把它们比喻为通过后视镜来驾驶车辆。

实时指标有助于确定项目的当前状况。其中的成本绩效指标（Cost Performance Index, CPI）是反映资金使用情况的指标，它是预算的工作成本与实际工作开销之比，比值小于 1 就代表项目已经超出预算。还有日程业绩指数（Schedule Performance Index, SPI），它表示当前的日程进度状态，该指标是已完成工作预算成本（Budgeted Cost Work Performed, BCWP，也叫项目挣值）与项目计划价值（Budgeted Cost Work Scheduled, BCWS）之比，比值小于 1 时就代表工作落后于计划（Kenett and Baker, 2010）。

领先指标正好与滞后指标、即时指标相反，是为预测未来业绩而设计的。这些指标来源于：

- 用户分析（细分、动机、未被满足的需求）；

• 竞争对手分析（身份、战略群体、绩效、画像、目标、策略、文化、成本、结构、强项与弱项）；

• 市场分析（规模、可预测增长、进入壁垒、成本结构、经销系统、趋势、关键成功因素）；

• 环境分析（技术、政府、经济、文化、人口等）。

掌握企业的愿景、关键性战略计划和各种运营指标是数据科学家高效工作的基础。他们还应该建立自己的网络，通过自身工作在更大的维度来审视企业，也就是我们所谓的“数据透镜”。

数据透镜

如上所述，我们通过不同的方式来了解一个组织：损益表和资产负债表、领导团队、商业计划等。所有人都可以看到这些信息。

而所谓的“数据透镜”对于数据科学家来说是独一无二的存在，它能够提供一个极为强大且首末相连的视角。要使用它，首先要检查数据和信息在整个组织中的流动和管理。数据透镜显示了谁曾经接触过数据和信息，显示了人和业务是如何使用数据和信息来增加价值的、数据和信息是如何变化的，还有看似简单的“数据共享”等问题所引发的政治斗争，以及数据是如何出错的、数据出错时发生了什么等等。这是了解公司所面临的诸多问题和机遇的好方法。

建立你的网络

在第 2 章，我们提到了卓越的数据科学家拥有庞大的网络。建立一个足够广阔且有深度的网络需要时间、耐心与主动性。显然，有些人在这方面更有天赋。另一方面，一个脱离组织的数据科学家肯定是缺乏效率的。我们在此所强调的是数据科学当中人的因素——是人在负责年度报告、SWOT、平衡计分卡以及 KPI。你应该去了解这些不同位置的人，跟他们聊一聊，通过数据透镜来验证你从数据中看到的东西。

最后一点：建立良好网络的最佳方法是成为他人网络的一部分，同时慷慨地帮助他人来理解数据科学。

总　结

如果你想帮助他人做出更优的决策，你需要了解他们及他们做决策时的处境。这就意味着要把自己沉浸在具体的事当中。数据科学家要做到这一点，就要与这些人在一起。哈恩（2003）在通用电气公司工作时创造了一个新词："嵌入式统计学家"。当然，不是所有的数据科学家都是嵌入式的（第 15 章会介绍更多关于数据科学家在组织内最佳位置的内容），但他们应该表现得像是嵌入式的。因此，数据科学家的真正工作包括尽其所能地学习有关“业务”的所有知识、了解这项业务是如何运作的、了解组织和员工的价值观以及是谁做出了真正重要的决策。

了解真正的问题

一个生动的案例

一天，一位中层经理与我们中的一个人（雷德曼）联系，他想要确定调查样本量。他所在团队的业绩使他感到很困扰，所以他想做个调查来了解更多信息。他需要额外的预算来做这个调查，还需要确定能支撑自己需求的样本量。他承认之前还找过另一位统计学家。本来进展很顺利，但是那位统计学家给了他一个看不懂的公式，而他只想要具体“数字”。

这看起来似乎非常简单？这位经理说明了事情的背景（即他的预算要求）、他的具体需求（即样本量）以及他能接受的难度（即不能用公式来表达）。这些信息好像足够能够推进这件事情进行了。

但是雷德曼进一步追问：

• 是什么在困扰着他？

• 他计划开展什么样的调查?

• 收集好数据后他要如何分析?

接下来他们进行了一场开放式交流，内容涵盖且不限于这些主题。结果发现，这位经理所知道的内容不足以设计出一份成熟的调查方案。相反，他应该“翻动石头看看下面有什么爬出来”。[1] 两人讨论了一种半结构化的方法来做这件事。他们都觉得这个方法可能会不起作用，所以两人应该经常交流。

他们关于要翻开多少石头的讨论如下：

经理：“回到我最初的问题。样本量是多少?”

雷德曼：“如果我说是 50，你可以在接下来的两周内不需要其他资源就做完吗?”

经理：“嗯 .... 或许不能。”

雷德曼：“好，那如果我说 25 呢?”

经理：“我不确定。或许可以。”

雷德曼：“好的，那么样本量就是 25。然后两周后我们再谈，到时候我们再搞清楚接下来要做什么。”

这个故事的结局是，这位经理两周后回来了，完成了(25个中的)

1　乔治·伯克斯（1980）说：“如果你有尚未搞清楚的地方，那么就没办法设计实验。”我们把观察当成是解决这种情况的第一步，就像“翻动石头看看下面有什么爬出来”一样。

20 个样本。在调查第 19 个样本的时候，他发现了一个重大错误，有些错误看起来很相似（这位经理还不懂什么叫“共因”）。所以他认为一定是“整个流程全被打破了”，接下来应该集中关注对其所在部门（比他所管理的团队大得多的组织单位）的更大影响上，并厘清如何应对这些影响。

明白真正的问题所在

要注意原始需求、背景信息和第一次会议期间通过沟通取得的一致意见之间的对比。这个例子教会了我们如何明白真正的问题所在。数据科学家用他们自己的语言与客户打交道，仔细讨论表层问题，并从中发现真正的问题。

坦率地说，通过下文的两处警示，我们发现许多人使这个过程变得更加困难。在此之前有三点需要仔细考虑。第一，是我们所用的“客户”一词。我们发现将决策者视为客户更加人性化。客户可能来自组织的不同部门，可以是处在很高的层级中，或者是来自世界另一端的基层人员。但是客户也是人，会有优点、缺点、希望以及恐惧。在这些方面，他们和我们一样。

第二，“用他们的语言”。就像我们不想掌握制造汽车挡风玻璃的技术规范一样，我们也不应该期待客户能用晦涩的统计学或者数据科学语言与我们交流。应该鼓励客户用自己的语言来表达，然后我们努力去理解其含义。这确实很难——毕竟，那些钻探石油、运营社交媒体的公司，以及从事金融对冲工作的人都有自己的行话，我们对这些语言感到陌生，就像他们面对数据科学语言一样。所以不要害怕提出疑问，也不要害怕说“让我确定一下我理解得是否正确”这样的话。

第三，“发现真正的问题”。很少有决策者能够第一次沟通就阐释清楚真正的问题所在。说清楚问题是很困难的，有太多的特殊情况、外部因素以及政治考量充斥着人们的大脑。数据科学家的工作就是帮人们清理这些杂物，让客户走出混乱，然后给出各种选择。你很容易仓促完成这项工作，但是不要这么做。毕竟，就像阿尔伯特·爱因斯坦说的那样，“如果给我一个小时拯救地球，那么我会用五十五分钟来界定问题，然后用五分钟来寻找答案。”[1]

第一个警告与目的不善有关。有的决策者想用数据科学来使他们已经做出的决策看起来合理、使他人难堪，或者为了推荐自己的方案。所以它也有助于训练敏锐的嗅觉——如果你从一些事中嗅到不好的气息，这些事很可能确实不好。你可能无法完全阻止，但是必须通知你的老板并谨慎行事。

第二个警告是范围蔓延。上述例子中和经理的讨论遵循以下思路进行：样本容量——> 缺乏管理数据——> 需要新的商业智能工具（BI）——> 不投资于技术的文化。

1 http://www.azquotes/quote/811850

所有这些都可能是真实甚至重要的问题，但是它们很快就超出了可控范围。并且，需要注意的是，总是会有一些因素使得简单的问题复杂化。

为了避免范围扩大（尤其是在早期），我们建议应该把目标限定在那些能够用现有资源和现有预算快速解决的问题上。上面这个例子中，雷德曼和那个经理就是这么做的。解决完第一个问题后，他们就确定第二个问题，然后再下一个。这样一来，就能够解决更大、更复杂的问题。但是他们之所以能够做到这样，是因为有客观事实、经验和逐渐增长的信心做基础。

当然，也会有问题需要你一开始就进行长远考虑并且投入大量资金。比如开发一个预测模型优化信贷决策的利润，或者计算出一种抗癌药物的合适剂量。但这些问题同样也要避免范围扩大。

了解问题所在是我们第 1 章介绍的生命周期流程的第一步。因为理解了问题，所以我们将专家生态系统转换为数据分析生态系统。错误解读会导致严重后果。比如，施玛泽（Schmarzo, 2017）描述了 2015 年的《医疗服务可及性与儿童健康保险项目再授权法案》，又称 MACRA。该法案的主要规定之一是质量支付项目。按照规定，医生和护士的收入会根据“患者满意度”而增加、不变或者减少。但是让患者满意和使患者病情好转并不总是一回事，所以这个项目对病情恢复产生了消极的影响。

从一个更搞笑的角度看，伯克斯（2001）讲了一个男人的故事，这个男人很高而且有一个四岁大的儿子。有一次，他们一起走在去买报纸的路上，然后父亲突然反应过来，四岁的孩子要跑起来才能跟上自己的步伐。所以他就对孩子说，“对不起啊，我是不是走得太快了?”然后孩子回答，“不，爸爸，是我走得快。”

科耐特和曲勒戈（2006）列举了更多例子来说明，找到好的问题是进行统计分析的先决条件。

总　结

在我们的职业生涯中总是会反复出现这样的情况，很多时候管理者说事情“就是感觉不太对”的时候，事情的确不对。如果掌握的真正事实很少，那么首要的问题就是要想办法获得一些事实。我们把这类问题称为“我了解得不多所以需要理清楚现在的情况”。这类问题是数据科学家需要解决的一系列问题的一端。另一端是我们所谓的“最优化问题”。现有的努力很有成效，但还要优化性能或者节约资金。然后，其他问题占据了这个系列的中间部分。

因此数据科学家的实际工作包括倾听决策者，学习他们的语言，把他们的语言翻译成自己的语言然后再把自己的语言翻译成决策者的语言，用他们感到舒服的方式参与到工作中去，一起努力解决他们表述出来的实际问题。数据科学家应该对此非常擅长。

走出去

劳伦斯·彼得·贝拉（Lawrence Peter Berra）曾经说过："仅通过观察就能让我们学到很多东西。"对数据科学家来说更是如此，他们要"走出去"，尽其所能去了解与所用数据有关的一切事情。

坐在书桌前是不能理解数据中的细微差别和质量问题的。更进一步说，世上有很多"软数据"，相关的景象、声音、气味、味道以及纹理都尚未被数字化——并且或许永远也不会数字化。比如一场政治集会弥漫在空气中的激动情绪，一个癌症病人呼吸的气味，一位管理人员面对意外威胁时眼中的惊惧。正如前两章所讨论的，数据科学家需要了解更多的背景情况、真正的问题和机会，他们也必须非常详细地了解他们所分析的数据是怎么收集来的。

当然，这些努力的重要性是老生常谈了，乔伊纳（Joiner, 1985, 1994），哈恩（2007），哈恩和多阿纳克索伊（Doganaksoy）（2011），科耐特（2015）以及科耐特和曲勒戈（2006）都谈到过这一点。

了解背景和软数据

这个部分是有关语境背景和软数据的。好的数据科学家都清楚，获得这些信息的唯一办法就是付诸行动。所以他们花时间跟卡车司机打交道、仔细询问决策者、亲自到工厂去、把自己假扮成顾客、拜访呼叫中心、向其他领域专家寻求帮助等等。他们仔细探究数据产生的过程和测量设备的精确性。他们会向经验丰富的人寻求建议，询问可能会出现的结果以及哪些地方做错了。

我们已经探讨了不能走出去是如何导致 2016 年美国总统大选的民意测验不够准确的（参考第 2 章）。

20 世纪 80 年代，科耐特（本书作者之一）是大型电信公司塔迪兰（Tadiran）的统计方法主管。公司的首席执行官出席了戴明举办的研讨会后，就指派科耐特来担任这个职务了。因为戴明在研讨会上建议，想要寻求竞争优势、改善产品质量和提高生产效率的组织，就应该设置这样一个职位(更多的将会在15章谈到)。在这个职位上，科耐特负责流程改善以及统计方法的应用，比如设计实验和管理统计过程。创意十足的产品和高效率的生产流程，使得塔迪兰公司成为了行业领先。许多管理人员把该公司当成标杆，大家来拜访他们的生产车间和开发实验室，从中获得一些自己公司发展的灵感。

另一个例子与石油行业有关。即使是石油储量丰富的地区，也很难从地底源源不断地开采出石油来。为了使这个过程更简单，公司会首先使用蒸汽加热石油。蒸汽价格不菲，而且使用的时候要严格依照相关生态规范的要求，所以蒸汽使用量是否适当非常关键。在计算最佳蒸汽量时需要考虑的因素很多——地下地质情况、当前石油的温度、石油井生产历史等等。所有这些都可以坐在计算机前完成。

造访生产车间

科耐特（下图左）作为塔迪兰通信公司的统计方法主管，正在向以色列航空工业公司的首席执行官解释如何通过流程管控和实验设计把焊料的缺陷从 30000 ppm 降低到 15 ppm，同时还能节约资金和提高质量。

想要了解全部背景情况的数据科学家也会花时间下油田。在那里他们注意到用于检测当前温度的探测器在放到井里时，有时探头很干净，有时会沾满泥浆。泥浆是非常好的隔热材料，沾满泥浆的探测器因为隔热测出的温度“非常低”，最终导致蒸汽使用过量。通过一个简单的实验证实了这件事之后，数据科学家现在能够从根源解决这个问题，即缺乏建议技术人员插入干净探测器的工作指导。在这个案例中，优化蒸汽量非常重要，但是找出数据质量问题（覆盖了泥浆的探测器）是更加根本的，并且能够节约数百万美元。这从一个侧面证明了走出去的好处——也就是说，发现其他人没有发现的机会。

不是每一个数据科学家都会花足够的时间来理解这些更深层次

的事实，而有的数据科学家会这么做。他们有的不善于与他人打交道，并且过于专注在“数字”上。弄明白数据是如何收集到的是非常重要的，因为很多地方都会出错。测量工具可能会被沙子堵住，民意调查者不会按照脚本来，制订调查计划的人的无意之失导致设计出的工具存在结果偏差（Surveytown, 2016）。你不能简单地假定自己的数据是无偏差并且正确的。你必须找到来自非抽样的误差以及测量变异性。最后，你必须确定所有数据不互相矛盾。如果是一个工厂，这就意味着每个零件都可以追溯到工作订单，每个测量数值都能找到所属的测量设备，并且每个测量设备的每次校准都是可回溯的。你需要亲自仔细看一看。

确定变异性的来源

看到实际数据的收集情况还有另一个非常重要的好处——帮助数据科学家更好地了解变化的来源。工程师、知识工作者以及服务人员等领域专家也能看到变化，但是他们不习惯思考变化，而后者是数据科学家的强项。

所以要努力理解他们的观点，但是不能依赖他们。尤其是，要注意可疑的来源、它们的本质、为什么你觉得它们会产生变异以及它们的动态情况。然后，在你进行数据分析时寻找是否存在这些变异性，尤其要理解如何控制这些变化或如何把它们展现出来。

一个很好的例子来自 BBC 苏格兰博恩施顿喜剧节目中的一个幽默短剧，它说明了为什么理解数据输入的变化如此重要（BBC, 2017）。两个苏格兰人在一个声控电梯里，这个电梯不能理解他们带有口音的指令。显然，不是每个人说英语都和英国女王的口音一样，这个电梯系统的设计就没法处理这种口语中的差异。使用人工智能构建的预测模型也必须能够处理这种输入过程中的差异性。理解变异性对于先进制造业里的预见性维护是很关键的。

选择性关注

这里我要提醒一下。第一，要注意“选择性关注”问题，其含义是人们对一些特定细节给予过多关注，就会忽略更大的背景。有一个很流行的视频，两个队打球赛，每个队三个人，他们在互相传球。一个队穿着白色的短裤，另一个队穿着黑色的衬衫。参与者被要求仔细看这个视频（视频时长 1.21 分钟）并且数一下黑队的传球次数（Simon, 2010）。反馈的计数范围从 9 到 15，这让人怀疑仅仅通过观看来计数的能力是否可靠。

但是有趣的还不是计数，而是别的。视频中途出现了一只摇晃着两只爪子的黑猩猩，然后很快离开了屏幕。超过一半的人第一次看视频时没有注意到这只猩猩。事实上，当我们重放视频并指出黑猩猩的存在时，很多人还以为我们在恶搞。所以睁大眼睛，留意那些没人注意到的、在场上随意漫步的黑猩猩。油田案例中的那个隔热探测器就是这样一个例子。

记忆偏差

第二，当你和别人交谈时要注意记忆偏差问题。伊丽莎白·洛夫特斯（Elizabeth Loftus）是加利福尼亚大学尔湾分校的心理学家，她研究的是一段经历结束后，那些能够篡改人们记忆的力量，而且她参与咨询过数百起刑事案件。她说："有人告诉了你一些事，他们描述了很多细节，表情充满了信心，并且描述的时候充满感情，但是仅仅因为这些并不能说明这件事情真的发生过。"（Loftus, 2013；Baggaley, 2017）

人们的记忆中存在很多软数据，这些软数据可能是失真的。而且人们通常都有自己的观点和偏见，这会进一步扭曲自己的记忆。所以可以和人交谈，但是要保持警惕。

总　结

现实世界中有如此多的细微之处是数据、元数据或者管理报告无法捕捉到的。数据科学家们需要去了解这些细微之处。通过闲谈、与专家会谈等都有助于了解这些细微之处，但这也是有局限的。参观厂房，拜访客户，在某位技术人员轮班值班的时候与他一起工作，以及和货车司机一起上路，都能获得其他方式无法得到的观察角度。至少，这种方式收集到的软数据能够给你所分析的数据提供一个背景信息。并且，通常提供的不止这些。

因此，数据科学家实际的工作还包括和人们交谈，拜访数据产生的地方，以及钻研具体细节。

很遗憾，你不能信任数据

本章是关于数据质量的，这个问题困扰着数据科学家和首席行政官们（CAO）（以及几乎所有与此相关的人）。它占用了数据科学家 80% 的时间（Wilder-James, 2016），也是数据科学家抱怨最多的问题（Kaggle, 2017）。更糟的是，你永远没办法确定自己是否找到了所有错误。同样糟糕的是，在有了人工智能之后问题变得越来越严重，影响也越来越大。数据科学所需要的数据有可能来自一手来源（因相似目标而生产的原始数据），也可能是来自二手来源（其他人为其他目的收集的、在你获得之前已经被处理过的数据）。

尽管并不存在万能灵药，但我们还是能做一些事：

（1）帮助你明白问题到了什么程度；

（2）为解决眼前问题提供一些框架；

（3）建议你去推动公司解决反复出现的数据质量问题。

大部分数据都是不可信的

在不深入研究细节的情形下，要想判断数据是否高质量，必须满足 3 个不同的标准（Redman, 2016）：

• 数据必须是“正确的”：准确无误、标记正确、删除了重复数据等等。

• 数据必须是“适合的数据”：没有偏见的、详尽的、与手头的任务相关的数据。

• 数据必须是“以正确的方式呈现的”。比如，人们读不懂条形码，当地人惯用的首字母缩略词会使其他人感到困惑等等。

关于第一条标准，我们所知道的关于数据质量最详尽的统计学研究是 2014—2016 年在爱尔兰的一项研究（Nagle et al.2017）。这项研究使用了“周五下午测量法”，关注点集中在最重要和最近的数据上，并得出以下结论：

• 平均来看，47% 以上最新产生的数据中就有一项致命（比如影响工作）的错误。

• 使用最宽松的标准，也只有 3% 的数据质量评估能够评为“可接受”。

• 数据质量的差异是巨大的，用 0~100% 的范围来评估数据质量的话，数据质量的变化范围为 0~99%。并且，更深层次的研究表明，行业重要性（比如医疗、技术）、数据类型（比如人口数据、客户数据）、组织规模大小或者公 / 私营等因素都不对此结论产生影响。

因此，任何领域、政府机构或者部门都无法避免受到极其糟糕的数据质量的困扰，重要的是，这些结果还不包括数据重复、系统之间缺乏连续性等问题。而且，目前这些研究仅仅关注了组织可控的、新获得的和最重要的数据，不包括比较旧的和较少使用的数据或者不受组织控制的数据。因此，尽管结果很糟糕，但是这些结果反映的仍然是数据科学领域中要处理的问题上限。

“适合的数据”这个标准是很含糊的。毕竟适合某种分析的数据不一定适合另一种。数据科学家应该去获取他们能够得到的任何数据，但是这些数据可能还不够好，正如一些报告中指出的那样，用于面部识别（Lohr, 2018）以及刑事司法证明（Tashea, 2017）的数据都存在着偏差。

我们也不了解任何有关数据呈现的权威性研究。并且，问题仍然时常发生。比如，手写笔迹和当地人熟知的首字母缩略词使得 IBM 公司用人工智能治疗癌症的过程变得更加复杂（Ross, 2017）。

重要的是，日益复杂的问题所需要的不仅仅是更多的数据，还需要更加多元、详尽的数据，这又带来了更多的质量问题。比如，来源不同的数据其定义之间有着细微的不同，处理这些细微差别越来越有挑战性。

当然，有句很难听的话“进的是垃圾，出的也是垃圾”，这困扰了几代人的分析和决策。而如今的问题是“大量垃圾进，大量垃圾出”。数据科学家在这方面承担着特殊责任，毕竟他们所提建议的水平高低有赖于数据质量的好坏。

数据质量和物联网

采用自动测量［比如物联网（IoT）］的人有时会忽略数据质量问题，认为它们源自人为错误。这么做并不明智。首先，虽然有的错误是人为的，但是大部分错误不是。其次，我们的经验使我们相信，尽管失败的情况不太一样，但是自动测量并不比人为测量更准确。比如，电网中的仪表盘可能突然关闭了，或者沙砾堵塞了风速表导致测量时断时续。所以在某个特定设备被证明是正确之前，你就应该假设它不会产生更高质量的数据。

人工智能和一些预测分析加剧了我们的担忧。质量不好的数据可能会产生两次不好的影响——第一次是在训练预测模型（PM）所使用的历史数据里，第二次是在这个预测模型使用的新数据里。假如一个组织想要通过机器学习提高生产效率，尽管开发出预测模型的数据科学团队已经清理了培训用数据，但是这个预测模型未来仍将受到较差质量的数据影响。也就意味着，改正错误数据需要很多人一起努力，而这又会阻碍生产效率的提高。

最后，可能会出现“瀑布效应”。当一次预测或者决策的一个小错误在接下来的发展中变得更大时，就会产生瀑布效应。始于2007年末的金融危机就是一个例子。抵押贷款申请中的错误数据导致了对违约率的错误估计，进而影响了以抵押为基础的担保行为（比如担保债务凭证），如此循环往复。我们更担心的是，随着人工智能技术进入各个组织，某个模型输出的数据影响了下一个模型，然后又影响接下来的模型等等，甚至会超越公司内部影响其他公司。

人们很容易忽视这些问题，信任这些数据然后继续开展自己的工作。如果数据达不到要求，你可以随时回去处理数据质量问题。毕竟，“证明有罪之前，任何人都是无辜的”。

但“事实”（比如数据质量不好）和“结果”（比如“垃圾数据的输入会导致垃圾结果的产生”）都告诉我们不要这么做。而且决策者会敏锐地注意到数据质量问题。最近的一项调查表明，只有16% 的人表示信任数据（*Harvard Bussiness Review, 2013*）。因此，我们建议（并且有经验的数据科学家也清楚）你应该采取的立场是“直到证明可信之前，数据都不值得信赖”。

处理紧急事项

毫无疑问，我们建议从最开始就全面怀疑所有数据的质量。本节的着眼点是解决眼前的紧急事项，下一节是如何处理长期问题。

正如我们在第 5 章中讨论的，第一，亲自到数据产生的地方去。在那里会有很多你用其他方法看不到的东西。

第二，亲自评估数据质量。如果数据是根据一流数据质量程序创建的，那么你可以信赖它。这些程序的特点是，管理人员有明确的责任来创建正确的数据，他们进行输入控制，并努力寻找和清除错误出现的根本原因（Redman, 2015）。你不必判断数据质量好不好——数据质量统计会告诉你。而且会有人乐于向你解释你想知道的东西，也愿意回答你的问题。如果这些统计数字表明数据质量不错，并且你们的谈话也进行得顺利，那么你就可以信赖这些数据。请注意，这是“黄金标准”，下面的其他步骤也应以此为依据。

你也应该设计自己的数据质量统计，如上文提到的“周五下午测量法”(Redman, 2016)。简单地说，你可以在电子表格中为 100 条数据记录设置 10 个或 15 个重要的数据元素（如果是 100 条最新的数据记录更好）。如果新数据涉及消费者购买信息，那么数据元素可能包括“消费者姓名”“购买的物品”以及“价格”。然后逐条进行核对，仔细查看每个数据元素，你会发现很多明显的错误——消费者姓名拼写错误，购买的物品是你没有卖过的物品，价格可能标错了。用红笔把这些错误标记出来，然后大致计算一下没有错误的记录比例。很多时候你会看到相当多红色标记——不要相信这份数据！如果只有一点点红色——比如明显错误的记录少于 5%——你可以谨慎地使用这份数据。

也可以观察错误的模式。比如，如果一共有 25 个错误，其中 24 个有关价格，那么可以把这个数据元素删除。但是如果剩下的数据看起来还行，那么也可以谨慎地使用这份数据。

第三，通过“漂洗、冲洗、擦洗”的步骤来进行。“漂洗”就是用缺失值替代明显的错误或者方便的话直接改正这些错误；“擦洗”涉及深度研究，必要时需要手动逐个改正错误；“冲洗”则是居于二者中间的方法。

如果时间很紧，可以只“擦洗”一小部分的随机样本（比如 1000 条记录），并尽可能保持数据的原始状态。你的目标是使样本数据值得信任。采用所有可能的“擦洗”方式并且狠心一点！清除那些你无法更正的数据记录和数据元素，可以的话把数据标记成“不确定”。

做完这些后，还要仔细检查。如果“擦洗”工作进展顺利（如果真的做得很好，你自己会知道的），你就创造了一个非常值得信赖的数据集合。使用这些数据推进下一步工作完全没问题。有时候，“擦洗”工作不一定令人满意。如果你已经尽力了，但还是觉得不确定，那么把这些数据分到“谨慎使用”一类中。如果“擦洗”工作非常糟糕——比如，太多价格看起来都是错的，而你也无法修正——你就必须把这部分数据视作不可信任的数据。这表明其中的数据不能用于任何分析中。

最初的“擦洗”工作结束后，进入第二轮清理工作：“冲洗”剩余的不在之前“擦洗”范围的数据。因为“擦洗”是一个浪费时间的手动的过程，所以“冲洗”允许人们用更加自动化的方式来纠错。比如，一种“冲洗”的方法是用统计的方法“输入”缺失值（见Wikipedia 2018a）。多重填补是分析不完整数据集（即一些条目缺失的数据集）的一种统计方法。运用这种方法需要三个步骤：填补、分析和池化（Rubin, 1987），最新的多重填补信息以及 R 语言中基于 mice 包进行多重填补的代码与模板可参见凡·布伦（van Buuren, 2012）。如果“冲洗”数据进行得比较顺利，就可以把这部分数据归为“谨慎使用”一类。

下面的流程图（图 6.1）概括了这一逻辑过程：

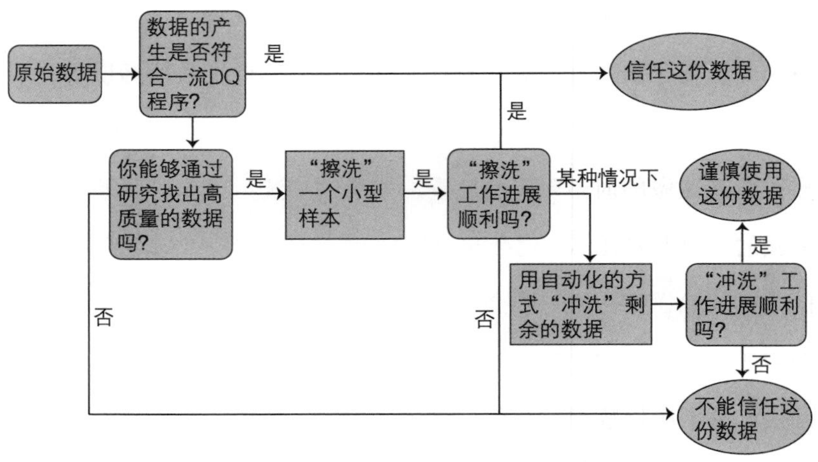

图 6.1　评估数据可信度的程序（DQ：数据质量）

一旦你确定了这份数据可以信任或者可以谨慎使用，就可以将来源不同的数据整合起来。你需要做 3 件事情：

• 识别：核对一个数据组中出现的考特妮 · 史密斯（Courtney Smith）与另一个数据组中出现的考特妮 · 史密斯是否是同一个人。

• 测量单位与数据定义保持一致：确定考特妮 · 史密斯购买的东西和支付的价格一致，一组数据中“托盘”和“美元”与另一组数据中的“组”和“欧元”要处理一致。

• 删除重复数据：检查一下确保考特妮 · 史密斯的记录没有以其他形式出现多次，比如，C. 史密斯（C. Smith）或者考特妮 · E. 史密斯（Courtney E.Smith）。

到了这一步，你就可以准备开始分析数据了。可能的话，同时使用“可信赖数据”和“谨慎使用数据”进行分析。当基于这两种数据获得不同结果的时候，就要予以特别关注。可能会有惊人的发现，也可能存在巨大的陷阱。当结果耐人寻味的时候，把数据拆分开，重复上述步骤，进行更细致地测量、“擦洗”数据并改善“冲洗”流程。这么做的时候，你会明白能够在多大程度上信任这份数据。请注意，如果你真正信任的数据仅仅是经过“擦洗”后的1,000份数据记录并且你正在使用人工智能，那么你就没法做比较。1,000条数据记录不足以训练一个预测模型。

无论是原始数据还是处理数据质量问题的各个步骤，以及最后用于分析的数据，都要进行跟踪审核。这是一个非常好的做法，但我们也发现有人会跳过这个步骤。

搞清楚在何种程度上可以信任这些数据，就能够最大限度发挥这些数据的作用。新的观点不一定来自完美的数据，但是你必须小心谨慎，弄明白数据的缺陷在哪，处理错误的数据，清除其中的错误，并在数据不够好的时候放弃它们。

无论如何，不要过于自信。即使所有这些步骤都做了，数据也不会是完美的，因为清理工作既不能检测也不能纠正所有错误。最后，不要掩盖数据中的缺陷以及这些缺陷可能影响分析结果的事实。

应对将来的数据质量问题

当然，如今数据质量问题已经很糟糕了。更糟的是没办法采取措施避免它再次发生。如果现在数据错误率达 20%，你将来也还会经历 20% 的错误率（当然，这是统计范围内的数字）。并且，数据量的增加意味着将来会有更多数据错误以及更多的清理工作。

最糟糕的是，不好的数据影响着整个组织所做的工作。毕竟，你在分析中所用的数据大部分也是其他人在基本操作中所需要用到的数据。比如，地址不正确可能会降低分析速度，而这也同时意味着，有人的包裹可能没有准时送到或者甚至没有送到他手中。尽管公司与公司之间差异很大，但据最乐观估算，数据质量成本要占一般组织收入的 20%（Redman, 2017c）。

唯一的解决办法是找到并且清除产生错误的根本原因（Redman, 2016）。在整个公司范围内调动大家的努力去发现数据质量问题超出了大部分数据科学家目前的能力范围。不过，数据科学家对于数据质量问题有着最好的见解和最广阔的视野，因此数据科学家和首席分析官必须总结这些数据质量错误，包括成本和解决方案。

抽样验证

为进行既定测量，原本由主要数据收集人员提取的一部分季度出院医疗记录应该由后续负责数据核验的工作人员进行取样，以便之后再提取。

- 所抽取的记录中大约有 5% 应该针对给定季度的特定测量进行再提取。
- 每季度再提取的最低样本要求是每个测量标准有 9 个抽样案例。
- 如果最初抽取的每季度医疗记录量不足 180 例，那么重新抽取的最低样本要求为 9 例。

图 6.2　JCI 数据核验指南

这一警告适用于整个行业。在这方面，标准能够提供一些帮助。比如，国际联合委员会进行全世界医院的认证工作，设计出了确保数据质量的指南。有的与定义有关，比如在计算感染人数时，界定什么才算是“感染”。有的与控制有关，比如数据核验步骤，由两个独立且合格的人员从医院系统中检索数据并且比较结果。图 6.2 摘自数据核验指南（Joint Commission International, 2018）。

总　结

数据质量可能是数据科学家面临的最棘手的问题。更糟的是，数据质量会影响整个组织。因此，数据科学家真正的工作包括找出近期的问题并以一种协调一致的、专业的方法来解决它们。首席行政官的真正工作是为公司其他部门找到更大的问题并帮助启动有关计划来从根本上解决这些问题。

使人们更容易理解你的观点

我们大多数人从错误中学到的东西比从成功中学到得多。雷德曼得到的教训伴随了他 30 年[1]。这件事与他第一次在美国电话电报公司总部进行的大型演讲有关。他提前做好了准备并且仔细彩排了一遍。然后就出发来参加这个大型会议。

但一切非常糟糕！他给人们留下了不好的印象。那时他是个愣头青，责怪自己之外的所有人，包括听众："在这儿的管理人员水平太一般了，甚至不能理解一张饼图！"

一位经验丰富的演讲者直视着他说，"当然不能理解，因为制作饼图是你的工作，所以管理人员们不制作饼图也不理解饼图。"

这件事的教训绝不仅仅是雷德曼不成熟。作为一名数据科学家，追求的最高目标是让决策者们理解并相信数据、你的结论以及它们

1 本章部分内容参考了雷德曼（2014）在《哈佛商业评论》上的数字化文章。

的含义。你必须要想想听众的背景情况并且用他们能够理解的方式来呈现结果。后者比前者更花时间。而且，这将提高你的写作和表达能力。好的视觉表达（比如图像）和好的故事是取胜的关键。视觉化已经有一段发展历史了（Fienberg, 1979）。沟通交流是第 13 章中介绍的信息质量框架的第 8 个维度；也可参见科耐特和史姆丽（Kenett and Shmueli, 2014, 2016a）及附录 C。

首先，做好基本功

至少，你要使得你所绘制的图表和对图表的解释简单易懂。正如塔夫特（Tufte, 1997）所说，标记清楚坐标轴，使图表尽量表达人们需要的信息，不要歪曲数据。

参考这个例子。图 7.1 绘制的是一个构想与执行都不错的数据质量项目的结果。但是这个图有很多普通人不熟悉的术语，比如“精确度”和“完美记录比例”。如果没有额外的解释，受众就会感到困惑。

所以，首先我们要从最基本的层面解释图表：“这是一个数据质量结果的时间序列图表。我知道你们中的大部分人都很熟悉这样的图表，但是让我们确定一下大家的理解是一致的。如您所见，我们关注的是客户数据的质量。*X* 轴是时间，图中每个月对应一个点。*Y* 轴是每个月创建的完美数据记录的比例。这就是我们测量精确度的方法。这是一个很高的标准，接下来我会详细解释相关内容。”然后，

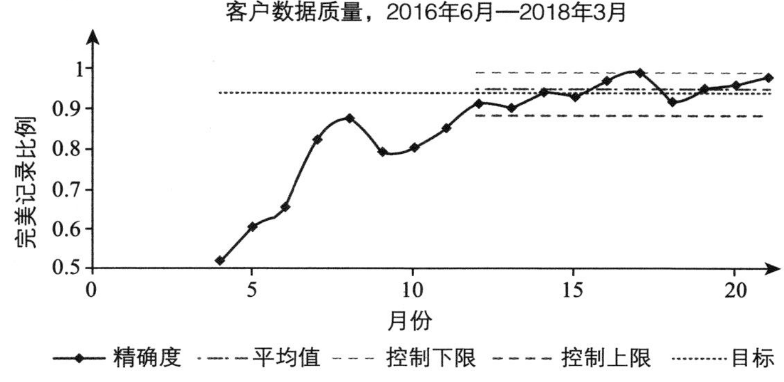

图 7.1　数据质量结果图，第一版（叠加了第二年平均值和目标）

向听众解释如何理解图表中出现的数字："缀有方块的实线表示的是实际结果，点状虚线展示的是我们给自己设定的目标，横线虚线（横线和点相间的虚线）是基于第二年的平均值设定的上下限。这些有点偏技术，待会儿我会再解释。现在大家还有关于阅读图表的问题吗?"

需要注意的是，你要让受众明白你将在什么地方开始拓展讲解，此前要花一些时间向第一次读此图的人解释一些基本情况。这能够使他们完全理解这份图表，然后，他们就能够把注意力完全放在听你讲解这些数据了。

接下来应该要通过生机勃勃、栩栩如生的方式描述图中数据所表达的东西。这个案例中，有很多可说的东西，包括为什么开展这个项目以及项目是如何开展的；记录客户需求的过程中所遇到的趣事和困难；如何测量这些要求，包括选择 Y 轴度量标准的逻辑；项目的改良情况；以及你如何设定控制量——也就是图中的横线虚线。讲述过程中，指出图中每个环节所带来的影响，使用图 7.2 而不是 7.1。

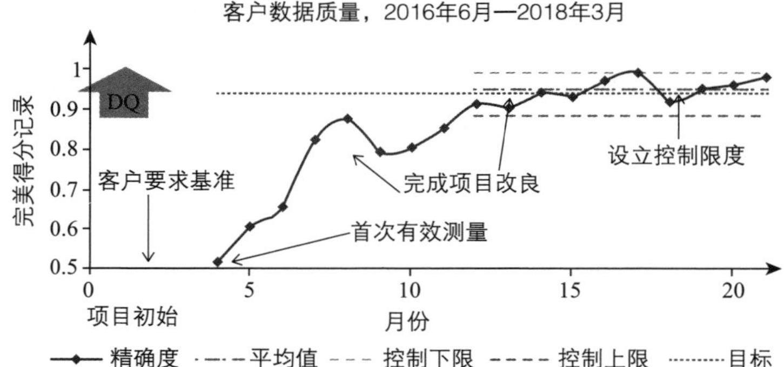

图 7.2 前面的数据质量结果图已经详细解释过了。注意此图中添加箭头“就是非常好的方式”，这对那些更喜欢读图而不是听解释的人特别有帮助（如图 7.1 所示，叠加了第二年平均值和目标）

不同的听众可能有不同的需求，所以你需要尽可能用最简单和直接的方式向每个人分别解释。例如，一个技术社群或许想了解你在选择度量标准时的细节以及你用来画图的软件。一个高级的决策者或许想了解在组织内推广数据科学有什么意义。也就是说，主要的东西对大家来说是一样的，但是每个人关注的侧重点又有所不同。

正如我们已经指出的那样，很多人对分析学、人工智能、大数据、数据科学和统计学持怀疑态度（很多人还记得马克·吐温说的话：“谎言有这样几种：谎言，该死的谎言和统计。”）[1]。无论这种怀疑是否合适，它都会减慢甚至阻止好的想法渗透到组织中，从而造成巨大的损失。作为一名数据科学家，需要有一种神圣的责任去

1 其实这句被误认为是马克·吐温名言的话还有另一种解读。如果第二个逗号将前后隔开了，那么统计数字与“谎言，该死的谎言”之间就是一种对比关系。

取得决策者的支持。你必须做到以下几点：

（1）以你所能做到的最直观、准确的方式呈现事实。结果不好的时候更要真实地呈现出来。如果你的结果与既定的想法背道而驰，实话实说即可。

（2）展现全面的情况。遗漏关键事实是最糟糕的谎言。

（3）适当提供背景情况，包括数据来源以及你为了确保数据质量所做的工作。（如果你没做多少，那也要清楚地说明，“数据质量情况还不确定，这可能会对结果产生影响”。）

（4）概括你的分析，要指出缺点，同时换一种表达方式解释结果。

陈述观点没有问题，但是必须分清观点和事实。

演示文档会被传播

还有一点至关重要。演讲者把 PPT（PowerPoint）或者链接发给听众的时候，会使所做的演讲更有生命力。但只看幻灯片的人很难像当场听你解释那样受益，所以你也要考虑这部分受众的需要。贝尔实验室曾经出过一句名言：“人们平均花费 15 秒来看一张图表。但是别让人们花费其中的 13 秒来弄明白如何读图。可能的话，每个地方都要进行解释。最好让图表自己讲述故事。”

把这些记在心里，然后采取两个步骤。第一，在你的幻灯片标注页中解释如何读图。第二，给图表加注，就像图 7.2 所做的那样。虽然注脚不能代替一场好的演讲，但还是会让读者对图表所涉及的内容略知一二。

做到极致

最后，对大多数决策者来说，一分见解胜过无数分析。因此，能够切中要害并且对下一步行动有所指导的图表才是胜过数百张一般图表的好图表。也是人们想要的图表。而用这种方式来呈现结果，就需要依靠数据科学！

关于这个主题的书有很多，并且所有好的分析包都能够帮助你制作出很棒的图表。我们已经引用过塔夫特的例子了。下面另举一例。

汉斯·罗斯林（Hans Rosling, 2007）开发出了气泡图来展示现象随着时间的推移是如何变化的。他表示，先入为主的想法使学术界无法恰当把握人口统计和儿童死亡率统计的趋势。他的演讲表明，在这方面，第三世界国家根本不是第三世界。

让·吕克·杜蒙（Jean-Luc Doumont, 2013）培训科学家，使他们能够更有效率地进行沟通交流。他还强调了用 PPT 进行交流的缺陷。

乔治·卡蒙斯（Jorge Camoes, 2017）用实例给出了 12 个关于利用数据可视化进行有效思考的建议，他的主要观点如下：

• 数据可视化还不够；还必须要有背景知识用以检测和解释具体模式。

• 数据可视化不够不是因为有太多的数据点，而是因为汇报的人并不理解这些数据或者并不在乎这些信息。

• 简洁并不是极简主义或者把垃圾信息都移除，而是移除不相关的信息，减少附属信息，调整必要信息以及增加有用信息。

总　结

实践情况是，很少有决策者理解或者关心 P 值、显著性检验等。他们也不理解你为了从数据中提炼观点费了多大工夫。但是他们的确很关注结果，尤其是那些以简单、可视化并且有说服力的方式呈现的结果，这些结果可以直接用来解决手头的问题。因此，数据科学家的真正工作还包括基于自己的观点做有说服力的陈述，提供有助于透彻理解信息的图表，帮助决策者明白所有的含义和背景情况。数据科学家需要非常擅长这件事。

当数据不管用时，相信你的直觉

这么说似乎有些老生常谈，但是数据科学的力量不在于数据本身揭示了什么，而在于数据背后所揭示的东西。本章我们关注的是从数字到数据、信息和观点的过程（Kenett, 2008），也就是 13 章中将会介绍的信息质量框架中的“泛化”。

我们发现，有的数据基于个人经历、印象以及感受，是“软的”。软数据与“硬数据”相对，尤其是在数字化方面。尽管我们更偏爱硬数据，但是数据科学家们却不能轻视软数据。软数据通常是有效的，并且有用程度远超硬数据。好的数据科学家致力于将两者结合起来。参见附录 B，一个有关我们所说的硬数据、软数据和信息的完整讨论。

图 8.1 概述了这种情形。如果我们想从决策者感兴趣的更大、更重要领域的数据中得到有效的推论和预测，简单地说有 4 种方法：

- “自然法则”是允许人们在假设情况下进行推论的规则和模型。

•“统计泛化”是指从一个样本（硬数据的样本）到一个目标人群的推断。

•“特定领域泛化”是指将领域知识（不是完全从硬数据获得的）应用到其他情景中，比如未来或者不同的研究群体中。

•“直觉”是指人们从数据中进行推理的能力，这种推理方法难以完全解释。科学，尤其是数据科学通常认为直觉不重要。但不可否认的是，一些决策者的确有正确的直觉。至少，直觉是必要的，因为很多时候决策都是在不确定的情况下做出的。

毫无疑问：数据科学家应该尽可能收集大量数据（包括硬数据和软数据）、综合所有类型的泛化，尽可能以最有力和透明的方式帮助决策者！

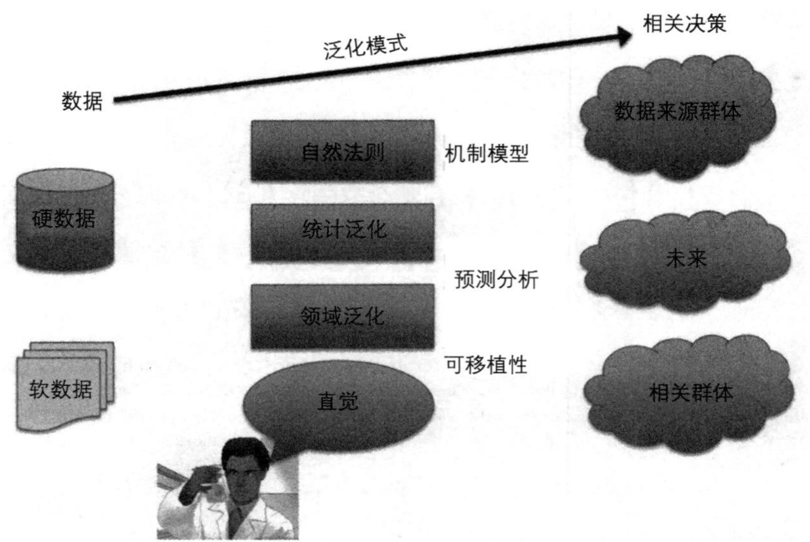

图 8.1　泛化模式

泛化模式

最好的、最让人信赖的泛化形式是自然法则。包括质量守恒定律、能量守恒定律、动量守恒定律、牛顿定律、最小作用量原理、热力学定律和麦克斯韦方程组。有时，它们也被称为“作用方式的力学模型”。这些法则是以经验为基础建立的自然法则，并且经受住了时间的考验。它们已经被时间验证过了，如今我们引用这些理论不需要更多数据的支持，只需要物理学、化学、生物学或者其他科学知识即可。

数学是科学的女王，为科学提供了独一无二的环境。保罗·埃尔德什（Paul Erdos）是著名的数学家，他常常提到《圣经》，《圣经》里的上帝掌握着数学定理最完美的证明（Aigner and Ziegler, 2000）。自然法则都蕴含在《圣经》中。

现在考虑一下统计泛化问题。厘清问题需要对目标有深刻的理解（第 4 章）。在从样本中推断总体参数时，统计泛化和抽样偏差是重点，问题的关键是，“样本所代表的总体是什么样的?”（Rao, 1985）。相反，在预测新观察值时，关键是分析有没有抓住训练数据（比如，用于构建模型的数据）中的关联性，这些关联性能够推广应用到将要预测的情形中。控制图就是一个很好的例子。逻辑是这样的：“假设过程是稳定的，我们就会期待其在控制上限和下限之间波动。我们会更进一步期待平均波动情况接近中线。”

通常采用抽样偏差和拟合优度来评估统计泛化情况。相反，用于预测新观察值的科学泛化通常由预测群体中保留样本的预测准确度来评估。这种评估对于避免过度拟合至关重要，过拟合是指所构建的模型与先前收集的数据能够完美拟合，但是与新数据却不能很好地拟合。

随机化是统计泛化的核心。除了避免未知的偏差，它还提供了计算和解释 P 值、显著性水平等的数学基础。但是，这也存在一些问题。大多数决策者很难理解这些概念，就像很多数据科学家很难解释这些概念一样。

再者，临床试验可能会受到“样本选择偏差”的影响，因为随机试验的参与是不能强制的。作为样本的病人可能包括受金钱和医疗激励而参与的志愿者，导致研究结果的分布与更普遍的研究结果分布情况大相径庭。这种样本选择偏差是健康科学和社会科学的主要障碍（Hartman et al. 2015）。数据科学家需要解决这个问题。

“可移植性”是泛化的另一种方式。可移植性是指实验研究中所得到的因果关系转移到一个新研究总体上，而这个新研究总体本来只能用观察方法开展研究。在一个城市社会互动研究中，珀尔和巴伦博伊姆（Pearl and Bareinboim, 2011, 2014）基于在洛杉矶开展的研究，采用可移植性方法来预测纽约市的研究结果，研究充分考虑了两座城市社会风貌的差异。

在个人能力测试的背景下，泛化的另一个例子是特定客观性（Rasch, 1977）。这种测试也被称为“项目反应测试”（IRT）。如果用于比较学生水平的问卷回答是可泛化的，那么就达到了特定客观性的理论状态。

还有一个来自网上拍卖研究的例子，它再次说明了准确阐述泛化目的的重要性。第 1 章里我们提到了卡特卡尔和赖利（2006）关于保留价格对 eBay 最后拍卖价格影响的研究。作者们设计的实验产生了有史以来最具代表性的网络拍卖样本。他们的重点就放在统计泛化上。相反，Wang 等人（2008）的研究主要是预测新的拍卖价格。该研究使用保留组来评估预测准确度，而不是采用卡特卡尔和赖利（2006）的标准误差和样本偏差方法。第三个研究是关于 eBay 消费者盈余的，通过某样本推断所有 eBay 拍卖来进行统计泛化。因为样本不是从研究总体中随意抽取的，所以巴普纳等人（2008）进行了一项特别的分析，将这份样本和随机抽取的样本进行了比较。

领域知识（或者科学知识）可以让具体数据中获得的发现得到更普遍应用（Kenett and Shmueli, 2016a）。因此，市场管理者就可以基于 B 地开展的市场研究决定如何在 A 地开展市场促销活动。他们没有 A 地的数据，但是经验（软数据）告诉他们如何调整 B 地的情况适应 A 地的需要。

同样，一个软件开发经理在面临有限的测试预算时，可能会发布一个只做了最少测试的版本，因为该软件功能很基础，且开发人员历来表现良好。而在其他情形下，这位经理可能会决定显著增加测试次数。注意，他或她做出这个决定时没有进行正式的数据分析。这种方法是有好处的（比如速度快），但是也存在风险，决策者需要随时注意这一点。

最后来谈谈直觉。上述例子中，市场管理者和软件开发经理都可以解释他们用来做出决策的软数据和逻辑依据。但即使是在最简单、最直接的情况下，还是存在不确定性。因此，所有重要决策都是在不确定的情况下做出的——理由无外乎是未来不可预测。而此时，就要用上直觉了。

数据科学家必须接受这个现实，并且采取三个步骤：首先，直觉不能取代基于可信数据作出的合理推断。反之，数据不管用时，就要相信直觉。数据科学家要帮助决策者理解二者的区别。其次，可能的话，数据科学家要量化不确定性。最后，数据科学家也要培养自己的直觉。

总　结

数据科学家应该把各种不同的推理模型当成工具，就像他们对待 R 值和 Hadoop 架构一样。而且，他们还需要学习如何使用工具以及如何把这些工具整合起来。太多的数据科学家只会紧盯数据，而不去深度思考数据结果的泛化。

因此，数据科学家的真实工作还包括从数据中进行推理以及从决策者感兴趣的角度进行推理。有很多这么做的方式，并且都应该为数据科学家所接受。数据科学家应该尽可能努力清除（或者至少说明）分析以及量化过程中的不确定性。他们必须认识到，无论分析得多么彻底，都不可能清除所有的不确定性，因为有太多的事情会出错或者发生变化。他们必须培养自己的直觉。

对结果负责

从更广泛的角度来看，数据科学包括了各种各样的活动，比如建立信任进而人们会请你为某些重大问题做研究，清晰阐述问题，开展数据分析，授课，在实践中支持决策等等。本章关注一个经常被忽略的活动——影响评估。

影响评估很重要，这样数据科学家（以及首席行政官和数据科学团队）就可以向其他人展示自己的具体贡献。影响评估还有助于解决资金问题，建立信任，以及获得更强势的工作地位。同样地，也有助于数据科学家学习如何提高效率。这是第 1 章所介绍的生命周期的最后一步。

重要的是，不同的群体对影响的判断不同。在科学界，新的想法要经受时间的考验，新的概念（比如统计显著性）能够帮助我们防范那些经不起考验的结果。商界的标准就完全不同了，评判标准涉及扩大规模、降低成本、提高市场份额、降低风险等。结果（尤其是经受住市场考验的结果）无须再经受时间的检验，但是这些结果必须能够对抗强大对手的竞争，能够吸引新客户并且保持现有客户。在非营利组织中，评判的标准可能是提高评分、减少无家可归者数量、促进国家安全等。

我们认为，这些标准本质上没有好坏、难易之分，也没有更加高级或者更加基础之分。但是，这些标准是不同的，所以正如我们在第 3 章中所讨论的那样，关键还是要理解组织最本质的价值观是什么。

实际的统计效率

当然，统计人员和其他人都明白，评估他们的工作对后来人的影响非常重要。研究统计方法的人员在考虑“统计效率”这个问题时，会对两种估算人口均值的方法进行比较。而科耐特等人（2003）提出了实际统计效率（PSE）这个概念来解决特定问题领域里统计工作的影响。PSE 包含以下要素：

V｛D｝= 实际收集到的数据值

V｛M｝= 所采用分析方法的值（统计效率）

V｛P｝= 将要解决的问题值

V｛PS｝= 实际得到解决的问题值

P { S } = 问题得到实际解决的概率水平

P { I } = 措施得到实际施行的概率水平

T { I } = 解决方案得到实施的时间

E { R } = 预期可复制量

下面我们依次讨论上述要素。

(1) V { D } = 实际收集到的数据值。

数据科学的应用有赖于数据，所以获得高质量的数据非常关键。V {D} 值高表明数据与问题的关系紧密，数据值得信赖，利益相关者能够非常清晰地理解，并且数据的收集没有偏差。我们在第 6 章已经讨论了。

(2) V { M } = 所采用分析方法的值。

提出这个概念很符合数学统计效率的初衷，并且包含了“分析方法应该尽可能高效”的理念。举个例子，假设某经理希望能够减少账单误差，那么他必须首先获得一份准确的基线错误率。假设有 A 和 B 两个方法可用，估算出同样错误的情况下方法 A 所需的样本更小，那么方法 A 就比方法 B 更有效率。一般来说，V {M} 高就意味着采用了具有经过检验的数学特性的方法，比如无偏性和一致性。

(3) V{P}=将要解决的问题值。

数据科学家有时会忘记等式中的这个部分。有的数据科学家可能会根据技术深度来选择问题，而不是根据解决问题的价值来选择。为了说明这一点，我们中有人花时间来减少每年价值超过 70 万美元的账单错误，这对管理来说非常重要，而解决这个问题其实并不难。高 V{P} 值意味着该问题对于组织具有重要的战略意义。

(4) V{PS}=实际得到解决的问题值。

通常，没有哪一种方法能够解决整个问题，而是只能解决问题的一部分，所以这个等式可以看作是 V{P} 的一部分。在账单误差这个例子中，经理希望每个账单周期都能把账单误差从 24, 000 美元减少到 3, 000 美元，成功率达 87.5%。高 V{P} 值问题得到解决就会获得高 V{PS} 值。

(5) P{S}=问题得到实际解决的概率水平。

这既是一个统计问题又是一个管理问题。该方法有用吗？能够得到一个有用的解决办法吗？这些数据、信息和资源能够用来解决问题吗？PSE 的一部分内容与管理和技术人员的投入有关，与亟待解决的问题所带来的挑战有关。这是通过让利益相关者积极地确定问题和解释结果来实现的。高 P{S} 值意味着制订了合适的计划并有效实施。

(6) P{I} = 措施得到实际施行的概率水平。

在理论上提出宏大的解决方案，看起来是不错，但是这些解决方案能否得到成功实施？克服变化带来的阻碍是数据科学中最难的一部分。P {I} 值高意味着管理方法和分析方法之间实现了一定的契合。更多的将在 16 章继续讨论。

(7) T{I} = 解决方案得到实施的时间。

问题会反复出现。这就是为什么我们强调在任何流程改进过程中把握住好的地方。还是举账单的例子——假设第一年公司节约了 70 万美元。进行严格控制的情况下，最初的问题得到解决，该公司在仅仅三年内就节约了 200 多万美元。通常，高 T {I} 值反映了某个问题在很长一段时间内持续得到了改善。

(8) E{R} = 预期可复制量。

好的数据科学解决方案是能够复制的，不仅能解决其最初的问题，也能用于解决其他问题。高 E {R} 值表示该解决方案具有被大量复制的潜力。

数据统计效率的评估不必多么大规模，多么正式——甚至可以通过口头描述这 8 个要素来进行。人们也可以给每个要素打分（比如 1~5），然后用乘法公式或者几何平均值将它们汇总。重要的是全面讨论这些对某个特定项目或项目集合产生实际影响的有价值的要素。

使用数据科学分析影响

数据科学最重要的用处之一就是帮助人们理解政界和商界的政策、法律以及方法的变化究竟会产生什么影响。虽然这可能会有很浓的政治色彩，但是数据科学家不应该因此而退缩。

举个例子，澳大利亚统计局为降低纵向调查的成本开展了变化评估。这类调查的部分价值在于产生时间序列数据，这对社会、经济以及环境分析和政策制定都很有用。改变调查的方法、平台或者问题会影响时间序列的连续性，使得时间序列数据难以用于解释政策决策的影响，因为人们不知道改变是由政策还是新方法引起的。为了评估方法变化所产生的影响，有一种措施是同时采用新方法和旧方法。Zhang 等人（2018）详尽地描述了具体做法。

这种并行测试方法很重要，因为全世界的国家统计部门都面临着同样的提升效率的问题。需要进行客户或员工满意度调查的组织也是如此。这种方法构成了所谓的“A/B 测试”的基础，在网络应用程序中广泛使用。

根据影响评估，财政节流的计算非常容易。但是 Zhang 等人的成果也很重要，因为该成果在政府和工业领域都有着很高的 E {R} 值，预期可复制量很高。

再举另一个例子，校车接送学龄儿童的问题，这是一个很有争议的话题。有人在特拉维夫的一个地区进行了一项实验，允许部分学生自己选择初高中学校，而其他学生则没有这样的选择权。拉维

（Lavy, 2010）是一位劳动经济学家，他在严格的隐私保护制度下，基于学科、学生的社会适应性、师生关系、辍学率、考试成绩以及入学率数据对这一实验政策的影响进行了评估。邻近城市没有实施这样的自由选择政策，这些城市的数据用作对照。

拉维的分析结果显示，有学校选择权的学生大学入学率更高，而且 30 岁的时候年收入比对照组高 5%。在拉维的研究中，V {D} 值（数据值）、V {PS} 值（实际得到解决的问题值）和 T {I} 值（解决方案得到实施的时间，即这些益处持续时长）都非常高。

总　结

毫不意外，大多数数据科学家都更想分析数据而不愿意参与到内部的政治辩论中。但是现实很残酷，任何与数据科学有关的事都充满了争议——比如，很多聪明和善的人认为数据科学不过是一种最新的管理风潮。也有很多人认为自己将会失去权力、地位，甚至工作也可能被数据科学所取代，所以他们竭尽全力地抵抗。还有很多人相信自己的直觉胜过数据科学的发现，而且他们还会引用不可信数据作为理由支撑自己的观点。忽视这些现实，数据科学家和首席行政官们将会面临很大风险。

因此，数据科学的真实工作还包括在一个充满了其他好点子、强大的特殊利益和恐惧的艰难市场里推销数据科学。最好的促销手段是拿出扎实的成果来推动公司、政府部门和非营利组织的发展。这可能会让很多数据科学家感到不适。但我们的建议是：克服它！

数据驱动意味着什么？

在过去几年里，“数据驱动”这个术语已经渗透进了商业词汇中，并且似乎会一直存在下去。数据驱动是雷德曼一本书的书名，学术研究表明，自认为“数据驱动”的公司比不这样认为的公司利润明显更高（McAfee and Brynjolffson, 2012）。医疗保健也在经历类似的转变，以证据为基础的医学成为改善医疗服务的全球标准（Masic et al. 2008）。因此，成为数据驱动型显然是一项值得努力的工作。但这到底意味着什么呢？

数据驱动公司与个人

一个“数据驱动”的公司是一个从上到下、从个人到决策小组每天都努力做出更好决策的公司。这意味着今天比昨天所做的决策好一点，而明天比今天做的决策更好一点，永远是这样。人们需要承认任何决策都是有时间限制的。毕竟今天做出的很好的决策可能会比一个月之后做的决策带来更好的结果。在第 13 章将会讨论的信息质量（InfoQ）框架中，这被称作“数据和目标年表”。

这种方法同样适用于个体。决策者对这个概念的接受程度也存在很大差别。

数据驱动的另外一种表达方法如下：所有决策都有不确定性（图 10.1）。假设决策者今天必须做出一个决策，如果他应用了今天的硬数据，不确定性会减少 48%。然后（可能是被经验和软数据训练出的）直觉必须发挥作用，所以决策者会把这三个因素结合起来（硬数据、软数据，以及直觉），去做出最好的决策，来直面剩下 52% 的不确定性。数据驱动的精神包含了一种热情，即在下一次做出同样决策的时候，把不确定性降低到 50%。

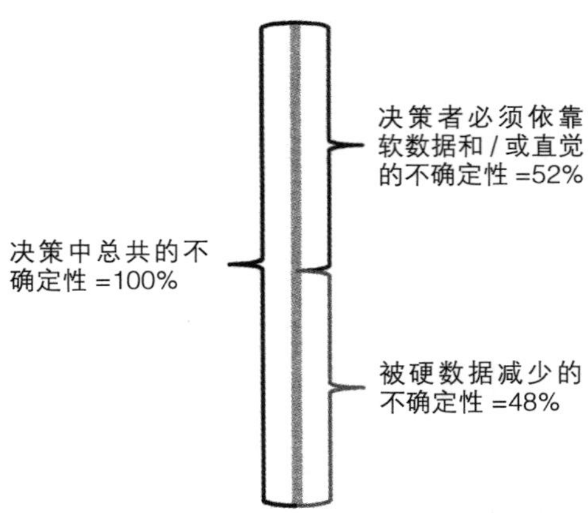

图 10.1　所有决策都会面临不确定性。“数据驱动”的精神是要在未来降低不确定性

这种想法对数据科学家来说特别重要——像我们讨论过的那样，他们真正的工作大多是涉及帮助人们做出更好的决策。虽然提高任何个体和／或组织的决策能力已经超出了数据科学家或者首席分析官通常的工作范围，但是很显然这么做对他们是有益处的。我们敦促数据科学家和首席分析官们承担起这项工作。

我们意识到这种想法是极其抽象的！但是这些年来，我们有幸与很多个人决策者和组织一起工作，有些很棒，有些也很糟糕。从这些工作中，我们总结出了12个“数据驱动的特征”（Redman, 2013b）以及6个“反数据”的特征（Redman, 2013c）。你可以把这些特征作为本组织的能力基准来确定自身的优点和缺点。短期内，你可以在它们的帮助下，使你的结果和建议能够被倾听。长期来看，还可以提升决策者的能力。

数据驱动的特征

数据驱动：

• 把尽可能多的不同数据和差异化的观点应用于任何可能的情况；

• 利用数据加深对业务环境和手头问题的理解；

• 培养对数据和整体业务变化的鉴赏能力；

• 合理地处理不确定性，即认识到自己可能会犯错误；

• 把他们对数据和推论的理解与直觉结合起来；

• 意识到高质量数据的重要性，在可信任的资源和数据质量提升方面进行投入；

• 开展优质的实验和研究，对现有数据进行补充，并且处理新的问题；

• 认识到他们做决策依据的标准会随情况变化而变化；

• 意识到做出决策只是第一步；他们知道必须有开放的心态，当新数据显示有更好的行动方案时，需要修改决策；

• 努力把新的数据和新的数据科学带进组织；

• 从错误中吸取教训，并且帮助别人这样做；

• 在数据方面努力成为榜样，与领导、同事以及下属一起工作时，要帮助他们变成数据驱动型。

所有这些特征都很重要，并且大多数是很显而易见的，但也有一小部分需要更充分的解释。第一，数据驱动的公司和个人努力将决策权下放到最底层。这或许看起来违反直觉——寻求高层级的认可似乎是更自然的。但是一位行政人员解释了他对这种方法的看法："我的目标是一年内做 6 个决策。当然，那意味着我需要选择最重要的 6 件事情，我要确定向我汇报的人掌握着数据，并且他们有信心去做其他决策。"

决策权下放可以为高层领导腾出时间做最重要的决策。并且，同样重要的是，低层级的人在一件事上花费很长时间所做的决策往往会比高层领导只花费几分钟做出的决策好。下放决策权能够提高组织的能力，坦率地说，还能创造一个更有趣的工作环境。

第二，数据驱动的人天生对变化很敏感。即使是最简单的过程、人类的反应，或者是最可控的情况也都会发生变化。数据驱动的人可能不用控制图，但他们知道，想要真正了解发生了什么，就必须了解变化。一位中层领导是这样说的："当我有了第一份管理工作，每周都会为结果苦恼。有几周我们的绩效高了一些，其他时候低一点。我试图把小幅的上升归功于自己，但在绩效下降时又很苦恼。我的老板一直让我停下——我几乎要把事情搞得更糟。用了很长时间我才明白事情是一直在变化的，但最后我做到了。"

第三，数据驱动的人对数据和数据源的要求很高。他们知道他们的决策没比所依据的数据好到哪去，所以在高质量的数据上投入，并且培养可以信任的数据源（Redman, 2016）。建议数据科学家去争取这种信任。所以，当时间敏感型问题出现时，他们已经准备好了。另外，高质量的数据使理解变化和减少不确定性更容易。最后，成功是在执行中得以衡量的，高质量的数据使其他人更容易了解决策者的逻辑并且与决策保持一致。

第四，当决策被执行之后，更多的数据进入了系统。数据驱动的人持续不断进行重新评估、完善决策。当有证据显示某项决策是错误的，他们比其他人更迅速地阻止事情继续进行。要清楚，数据驱动的人不会原地打转，他们知道那是不可持续的。相反地，他们在前进过程中边学习边调整。

反数据驱动的特征

我们也提炼出 6 个阻碍管理者和公司充分利用数据的坏习惯，我们把它们称为“反数据”。包括：

- 相比数据本身，更倾向于使用直觉，并且达到了不健康的程度；
- 操控决策系统（第 11 章有这方面的更多内容）；
- 事后诸葛亮；
- 被“分析瘫痪”所消耗；
- 参与“群体思维”；
- 对数据质量有很深的误解和 / 或显示出对数据质量的极度傲慢。

重新申明，所有的特征都是不言而喻的，但是我们希望在两个方面对这些特征进行扩展。第一点，很重要的是要记住，数据只能帮助决策者到目前为止。接下来，他们的直觉必须起作用。并且好的决策者会努力训练他们的直觉。同时，我们都遇到过管理者这么说：“我已经在这个行业工作了 25 年，我什么都见过。我知道我可以相信自己的直觉。”他们为他们的经验而骄傲，并且对任何新兴事物持怀疑态度。有趣的是，我们遇到的很多有这种表现的管理人员在大部分方面都很可靠——他们关心公司和员工。他们渴望做正确的事情，而且他们很聪明。但是他们尽力忽视、淡化，或者推翻任何支持方法改进的证据。有些管理人员甚至重新解读数据，以强化自己长期持有的心理模型。毫无疑问，这样的结果就是决策越来越过时。

第二点是事后诸葛亮。最坏的情况下，事后诸葛亮涉及保留可能有用的数据，然后在决策出现问题的时候突然出击。某种程度上，那些为了下一个晋升机会而竞争的人更爱采取事后诸葛亮的做法。另外，《权力的 48 条法则》（Greene and Elffers, 1998）建议那些寻求权力的人们适时隐瞒信息。我们可以在过于政治化的个人和公司身上观察到这种特征。数据科学家要把事后诸葛亮看成政治现实。它强调了全面理解决策的优点、缺点以及一些人的偏见是非常重要的。

结　论

值得一提的是，无论是在公司还是个人层面，数据驱动都需要深入的文化认同、自我反思、训练，以及努力工作。为什么数据科学家或首席分析官要在意这些呢？我们已经提及了三个最重要的原因。虽然无论是个人还是公司，都喜欢标榜自己是“数据驱动”，但是现实远非如此。决策者都是人，你需要帮助他们了解自己的优缺点，从自我审视开始。找到一个会告诉你真相的人，然后根据 18 个特征给彼此打分。你会发现这是一次发人深省的经历。

其次，我们鼓励你努力提升公司的长期决策能力。正如我们已经注意到的那样，很多人承认“统计学是我大学最不喜欢的课程”。所以，从简单的开始，我们在第 12 章总结了一些对我们而言有良好效果的练习。

最后，给决策者信任你的理由。尽可能坦诚，公开分析优缺点，在陈述建议时不要害羞，犯错的时候要道歉。

不可否认，这是很艰难的工作。但是，假设你看到了数据驱动决策的价值，我们会问："如果你不做这些事，谁会去做呢?"抱怨公司的制度太容易了。你有责任为此做一些事情。

总而言之，数据科学家和首席分析官短期内的真正工作还包括了解决策者的优缺点，并且把它们考虑在内。长期来看，真正的工作包括帮助个人决策者和整个组织变得更加数据驱动。

去除决策过程中的偏见

带着偏见进行决策是数据科学的敌人。我们都经历过重要决策与我们的预期不符时的失望。当你觉得决策被操纵了的时候，感觉会更糟——决策者没有采纳你的分析，或者只用了一些数据。你可以接受一个不同但是公平的决定，但是一个被操纵的决定会让你感觉更糟。而恶意也会蔓延。

我们在商业领域、公共空间以及个人生活中都经历过被操纵的决策。我们不只是受害者，同时也可能是施害者，让偏见渗透到自己的决策中，即使可能没有意识到这一点。数据科学家做出很多决策——包含哪些数据、和谁谈话、怎样提出问题、开展哪些分析、如何展示结果等等——这些决策会影响整个分析过程，反过来也会影响决策者所看到的结果，即使是一丝偏见也会有显著的影响。我们可能忽视甚至促成了带有偏见的决策，根据我们认为决策者想听的内容来隐藏分析结果。

> **直觉与被操纵的决策**
>
> 在第 8 章和第 10 章，我们强调了所有决策都有不确定性这一明显特征，直觉扮演了很重要的角色。我们也指出，一些决策者有很强大的直觉，但是有些人太依赖直觉了。当这种情况发生时，操纵决策的可能性就会增加。

操纵决策有很多形式。在这里我们将会考虑如何面对最致命的，也就是以下步骤中的：

（1）基于以下部分或所有因素来做决策：直觉（见“直觉与被操纵的决策”），自我，意识形态，经验，恐惧，或者咨询志同道合的顾问。

（2）找到可以证明你决策的数据。

（3）宣布并执行你的决策。以最低的必要限度来维护决策。

（4）决策是有益的就领功，是错误的就推卸责任。

数据科学家必须准备好面对这个反应链，并且需要灵活应对。

理解事情发生的原因

数据科学家知道，被操纵的决策与他们所支持的一切都是对立的。所以用数据科学，被操纵的决策就会被除去——我们首先要理解它。从第一步开始：做出决策。为什么有这么多人先做决定呢？

像我们已经注意到的那样，做出好的决策难度很大。重要的决策往往是在面对巨大不确定性的情况下做出的（在不正式的情况下我们发现，决策越重要，不确定性就越大)，而且往往时间紧迫。世界非常复杂——个人和组织面对决策的反应不论是合作还是对抗，都是难以理解的。有太多的因素需要考虑，而与手边事情有直接关系的可靠数据却很少。相反，有很多数据与问题只是部分相关的，它们的来源不同，有一些可以信任，有一些不能，会让我们背离目标。在这样的背景下，很容易看出来一个人如何落入先入为主的陷阱。先做出决策速度快多了！不要低估这个优点。

还有其他原因：决策者可能会被上司对他们决策的评价所激励，或者被决策能够提升个人权力所激励，以及被决策的回报所激励。他们可能对自己的能力过于自信，也可能因为过去接触数据和数据科学家的经历很糟糕。有许多可能的因素，所以建议数据科学家理解那些决策者的动机。

一旦迈出了第一步（先入为主），第二步（寻找可以证明决策的数据）就很容易了。决策者知道那些受到决策影响的人可能会问决策是怎样做出的，会抱怨决策，甚至推翻它。决策者知道他们需要对决策作出解释，所以找到必要的数据来保护自己是很自然的。

这种方式在商界和全世界都很常见——以至于史蒂芬·科尔伯特（Stephen Colbert）创造出了“感实性（truthiness）”这个术语，用来指一些人更喜欢那些自以为真的概念和事实。一个人总能找到大量的数据来支持想做的任何决定。随着互联网、社交网络以及特殊利益群体的发展，这样做变得越来越容易。另外，人们也很容易陷入确认偏误（McGarvie and McElheran, 2018)，会更注意那些支持决策的数据，而忽略不支持决策的数据。

第三步和第四步（宣布决策、抢功或推卸责任）也很容易。

从个人层面进行控制

在批评其他人操控决策之前，我们建议数据科学家首先改进自己的决策工作。该怎么避开陷阱？答案的第一部分在于承认你缺乏自信。没有人愿意承认自己有偏见（Kahneman et al. 2011）——毕竟这个词语有负面含义。但是我们认识的最好的决策者都是坦率承认他们的先入为主。什么样的价值观或信仰会影响你的想法？深入的自我剖析会让你认可其他观点、减弱你的本能反应，并且迫使你寻求更广阔的视野。

把坏消息告诉老板

一些人害怕告诉老板他们担心自己可能会犯错误，或者害怕告诉老板坏消息。毕竟老板可能会“枪杀信使”。我们的经验是，情况可能不同。大多数高层领导意识到人们不喜欢告诉他们坏消息，所以很珍惜告诉他们真相的人。当然，我们不是建议你在整个团队面前说“老板，那个决策很蠢”。相反，你要学会怎样以一个单独但是可以起到支持作用的方式提出你的担忧或者带来坏消息。

很多数据科学家有一个偏见，特别是那些刚刚进入这个行业的，认为他们必须“服从”。不管怎样，他们都绝不能挑战老板。

虽然确实有的公司文化不鼓励这样做，并且有老板会报复，但是你需要审视一下这种偏见（见“把坏消息告诉老板”）。为什么你会有那种感觉？是否有数据支持这种观点？是否存在反例？

第二，建议你转换倾向：如果朝最初决策的相反方向前进，会发生什么？收集需要维护这种相反观点的数据，并且与支持原有观点的数据进行比较。在更全面的数据中重新评估决策。你的观点或许仍然不全面，但是至少可以更加平衡。

同时，问你自己：“我是做出决策的正确人选吗？还是其他有时间去收集更全面观点（所以也就不那么容易有偏见）的人去做出决策呢？”如果是这样，那么你应该把决策权移交给那个人或者团队。

第三，在你宣布、实行以及捍卫你的选择之前，找一个或两个“友善的人”测试一下你的决策。友善的人通常指某个站在你这边并且希望你成功的人。在这里，我们指某个想要保护你，并且当你的想法不完善、丢失了重要信息，以及犯错的时候，有勇气诚实地指出的人。如果一个友善的人告诉你这些事中的任何一件，你需要重新开始，重新全面地考虑想法以及需要的数据。

几乎没有人打算做出被操纵的决策，但是如果被迫快速做出决策，决策过程可能会有缺陷。承认自己的偏见，并且把观点讲给真正能挑战你的人听，问自己一些棘手的问题，你会发现一个被操纵的决策过程。你会意识到完全消除偏见是多么困难。你可以使自己成为一个更好的数据科学家。

坚实的科学基础

为了深入理解处理决策偏差的科学框架，数据科学家应该研究两位心理学家的开创性工作：特维斯基和卡纳曼。特维斯基在 1996 年因为白血病去世，那时他还很年轻，而卡纳曼在 2002 年获得了诺贝尔经济学奖。他们开创了行为经济学，这是对数据科学非常重要的一个领域。刘易斯（Lewis, 2017）对这项工作的介绍更广为人知。

有一个简短的总结：我们知道决策者会被几种机制影响，降低了他们正确解读数据驱动的报告的能力，那些机制包括：

- 忽略基准利率
- 过分自信
- 锚定
- 代表性
- 可用性
- 均值回归
- 伪相关
- 框架

为了说明这一点，我们看一下来自两个实验的数据（Tversky and Kahneman, 1981）。*N* 代表实验的受访者数量，他们被随机分配到问题 1 或问题 2。

问题 1

（N=152）：想象一下美国正在为一种罕见疾病的暴发做准备，这种疾病预计会使 600 人死亡。有两个对抗疾病的备选方案。假设对方案可能造成后果的确切科学估计如下：

• 如果采用方案 A，200 人会被治愈（72% 的人选择了这种方法）。

• 如果采用方案 B，所有 600 人被治愈的概率是 1/3，无人被治愈的概率是 2/3（28% 的人选择了这种方法）。

你更倾向哪种方案？

现在考虑一下另外一种说法：

问题 2

（N=155）：想象一下美国正在为一种罕见疾病的暴发做准备，这种疾病预计会使 600 人死亡。有两个对抗疾病的备选方案。假设对方案可能造成后果的确切科学估计如下：

• 如果采用方案 C，400 人会死亡（22%）。

• 如果采用方案 D，无人死亡的概率是 1/3，所有 600 人死亡的概率是 2/3（78%）。

在两个问题中，预计的死亡人数是相同的，但是人们忽视了这一点。在问题 2 中，大多数人的选择显示了人们冒风险的意愿：确定死亡 400 人，比 600 人全部死亡的概率是 2/3 更难以接受。在问题 1 和问题 2 中的偏好显示了一个常见的模式：可能存在好处的选择经常会引发规避风险的决策，而那些可能存在损失的选择经常会引发冒险的决策。

对数据科学家们来说，结论是需要重视的——在展示结论时，细微变化可能会造成巨大的影响。你要意识到自己的偏见，并且确保它们没有干扰你的决策。

在这方面，图 11.1 参考了著名的缪勒 - 莱尔（Muller-Lyer）光学错觉理论。在左侧，下方的水平线似乎更长。在右侧，有框架的条件下，我们清楚地看到这两条线是等长的。正因为如此，数据科学家们应该确保他们为结果公平地设置了类似的框架。

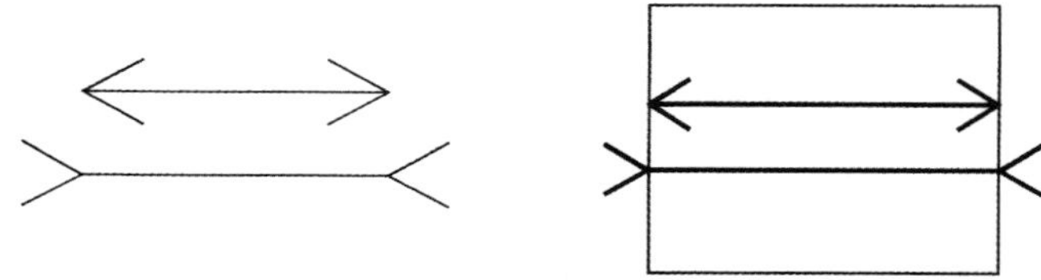

图 11.1 缪勒 – 莱尔光学错觉图（有框和无框）

总 结

学习观察和规避自己决策中的偏见，会使你重新认识什么是隐藏的偏见以及去除它有多么困难。当隐藏自己的偏见并且大肆宣扬偏见的时候，你将一事无成。所以，聪明的数据科学家和首席分析官首先会努力以身作则。

这章强调了为什么首席分析官和所有的数据科学家推动数据驱动的文化是很重要的。

因此，数据科学家和首席分析官的真正工作还包括减少自己决策中的偏见，并且要以身作则。最后，如果机会允许，真正的工作也包括帮助决策者认识到并且减少自身的偏见。

教，教，教

没有什么比一个苛刻的决策者更能提高数据科学水平了，他正在努力成为数据驱动型的人（第 10 章），想要尽可能多地带来数据和数据科学，并不断期望数据科学家提供更多数据。同时我们还注意到，很多人在大学最不喜欢的课程就是统计学（并且他们没有忘记！）当你的同事和决策者对 P 值、逻辑回归以及方差分析表示怀疑的时候，不要感到惊讶。你克服障碍的唯一办法就是“教，教，教”。

你必须自己制订整个计划。但是我们可以给你提供可靠的材料来帮助你启动，包括一些有效的练习；“入门问题包”，可以帮助决策者问出尖锐的问题；下一章有一个更正式的模板“信息质量”，当决策者积累了一些经验之后可以用。雷德曼已经成功使用本章内容 25 年了，而科耐特和同事们也用 InfoQ 模板积累了许多成功案例。我们设想的教学过程能够满足个人、团队和组织的需求。

绳子练习

这项练习意在向人们展示最简单的测量有多难。为了完成它，需要给每个参与者一条大概 10~12 英尺（1 英尺约等于 0.3 米）长的绳子。现在带领他们完成以下的步骤，正如图片中展示的那样（图 12.1）。

第一步，在你面前把绳子摆成一个圆形。

第二步，捡起绳子的一端并把它与另一端交叉，使新的圆形与你的腰围相等。

第三步，用手在交叉点上做记号，捡起绳子，把绳子缠在腰间。

最后，为你的表现打分。

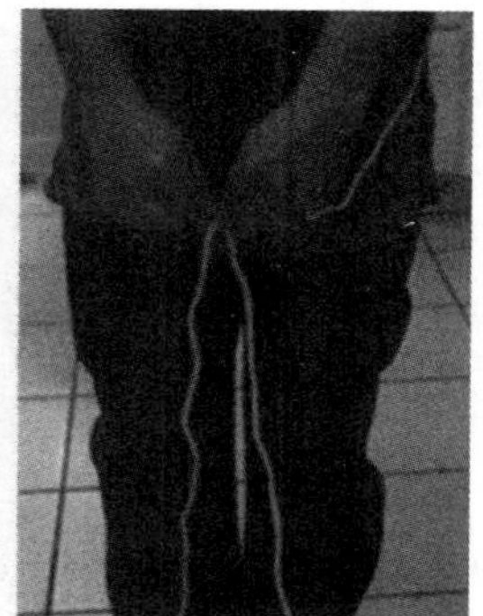

图 12.1　绳子练习的一系列步骤

大部分人把自己的腰围多估了超过 50% 甚至更多。此时确实会存在很多讨论。要鼓励讨论并指出，没有比测量长度更简单的测量过程了，而且所有人都知道腰的位置。想象一下测量钻井孔中的黏度、用户购买倾向，以及个人对成果的贡献等会多么复杂。

这个练习只需要15分钟。大部分参加这项练习的人离开的时候，对测量都有了新的理解。

“你自己试试”练习

这项练习带领参与者体验数据科学的所有方面，只需要开放的头脑、几张纸以及一个手机计算器。首先，建议参与者选择一些他们感兴趣或者困扰他们的事。好的候选内容包括会议开始时间、摄入热量、实际工作时间以及通勤时间。不管是什么，参与者都要把它编成一个问题并且写下来。以“会议似乎总是开始得很迟，是真的吗?”为例。

接下来，让他们考虑一些可以帮助回答问题的数据，并且制订一个创建数据的计划。写下所有相关的定义以及收集数据的规则。对于刚才那个特定的例子，需要定义什么时候会议算真正开始。是某人说“好的，我们开始吧”的时间，还是会议议题真正开始的时间呢?

然后需要收集数据。要相信数据，这一点很重要的。进行中肯定会发现问题。比如虽然一场会议已经开始了，但是当更高层领导加入时，会议又重新开始了。建议在推进过程中修改定义和标准。

下一步，让他们画一些图。像我们之前讨论的一样，好的图像使数据更容易理解，也使观点的沟通变得更简单。有很多好的工具可以帮助完成这个过程，但是要先自己动手画几幅图。托马斯的 go-to 图是一个时间序列图，横轴是日期和时间，纵轴是兴趣变量。因此，图 12.2 中的一个点是召开会议的日期和时间与推迟的分钟数之间的比值。

现在，参与者可以回到开始提出的问题，并且做出总结数据。在这个案例中，“在两周的时间内，我参加的会议中的 10% 按时开始。平均来讲，会议晚召开 12 分钟。”

但是，催促你的参与者想得更深入一些，问一下“那又怎样?”在这种情况下，“如果这两周是有代表性的，则我每天浪费一个小时。而这将给公司造成 x 美元的损失”。

许多分析都没有问“那又怎样?”就结束了。当然，如果 80% 的会议在原定时间的几分钟内就开始，最初那个问题的答案会是，“不，会议大多数都按时开始”。那样就不需要继续下去了。

但是上面这个案例需要。所以，催促人们去感受变化。注意，图像上 8~20 分钟的推迟是很典型的。一些会议准时开始，其他的几乎晚了 30 分钟。人们倾向于认为自己可以迟到 10 分钟，恰好是会议开始的时间。但是差距太大了。

现在，让他们问一下：“数据还揭示了什么?”在这个例子中，注意一下有 6 场会议准时开始，其余的每场会议都至少晚了 7 分钟。很奇怪吗? 当拿到会议记录的时候，你就会发现，所有 6 场准时开始的会议都是由财务副总裁召集的。显然，这个人准时开始了所有会议!

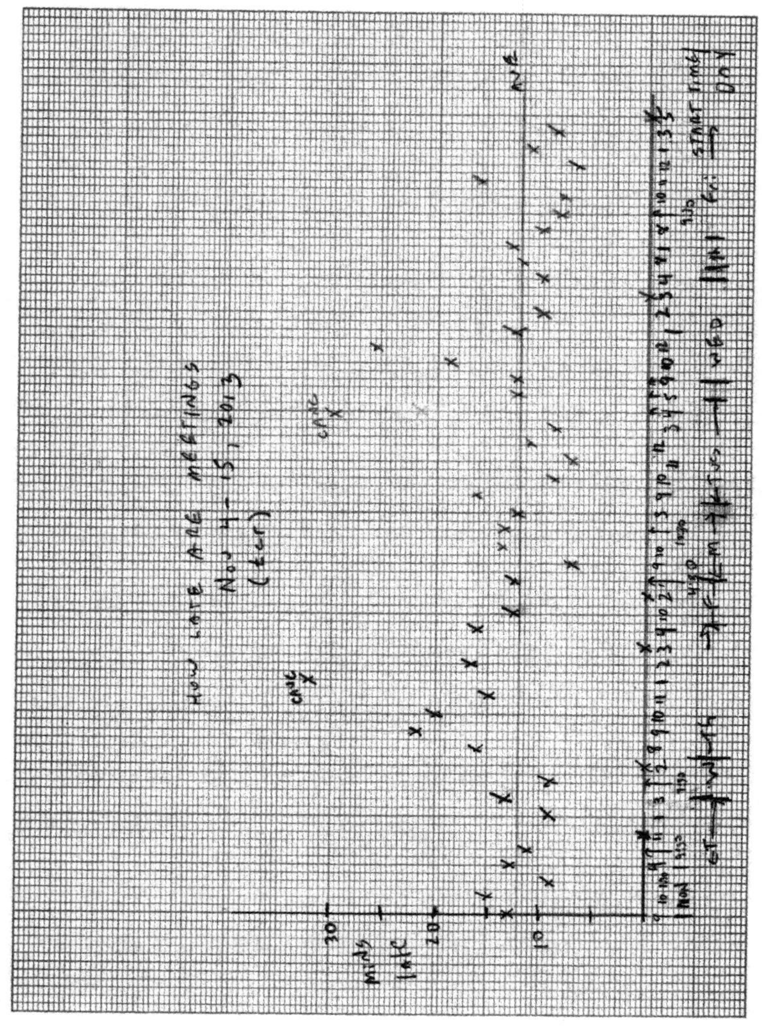

图 12.2　托马斯关于会议开始时间数据的原始图

注意，这个练习使人们用新的方式思考数据、分析和决策。催促人们把选择的事例考虑得尽可能深入，总是问“我从这里要去哪?”，或者“下面还有重要的步骤吗?”这些例子显示了一个常见的二分法。在个人层面，结果通过了“有趣”和“重要”两个测验。大部分人都希望每天得到 1 小时的空余时间。虽然可能无法使所有会议都准时开始，但可以从财务副总裁那里得到启发，及时开始自己召开的会议。

在公司层面，到目前为止，结果只通过了“有趣的测验”。你不知道这些结果是否有代表性，也不知道开始会议的问题，其他领导是不是像那位副总裁一样坚决。但是仍然需要一个更深入的研究：这些结果与公司其他人的经历一致吗？某些日子比其他日子更糟糕吗？电话会议和面对面会议哪一个开始得更晚？会议开始时间与大部分高层领导之间有关系吗？回到第一步，提出下一组问题，之后重复整个流程。关注点集中在最多两个或三个问题上。

注意，这个简单的练习帮助参与者体验第 1 章中描述的数据科学工作的各个方面：定义一个问题，收集有关数据，绘制一些图表并且思考数据揭示了什么，回答最初的问题，提出新问题，收集新数据，并且探索结论。大部分人都在这个练习中得到了快乐，很多人发现他们享受从数据中获得观点的过程。这个练习也有助于深入了解数据科学家的工作。

询问数据科学家的入门问题

如果决策者对数据科学的理解不够充分，他们自然不会完全信任一个分析和结论。很多人会问一些尖锐的问题来了解数据科学，但大多数人不知道该从哪里开始。你可以提供这个包含了 8 个问题的“入门工具包”来帮助他们（Redman and Sweeney, 2013a）。这些问题也可以帮助你准备得更好！

（1）你想解决什么问题？这个问题是否与我的问题一致？数据科学家（以及其他有关的人）很容易进行漫无目的的调查，寻找与业务无关的“有趣见解”。虽然一定数量的探索是有益的，但大部分创新都是小规模的在一段时间内改进一个方面——即使是数据相关的也是如此。鼓励你的数据科学家先聚焦在已知的问题和机会以及更加具体的观点上。当你的信任提升之后（至少对一些人是这样的），放松一点对他们的约束。同时你应该敏锐地分辨出“探索困难路径”和“沉迷其中”。

（2）你对数据的真正含义有深入理解吗？我们在第 6 章讨论了数据质量的细微差别。不幸的是，人们经常没有深入理解数据创建的更多背景信息就开始收集数据，而发现理解有偏差的时候已经太迟了。所有的数据，甚至像“力”这样众所周知的测量都是很微妙的。美国国家航空航天局（真正有“火箭科学家”的那个）曾有一个火星着陆器坠毁，就因为一个小组用了英国的测量单位“英尺－磅”，而另外一个小组用了公制的测量单位“牛顿”（Pollack, 1999）。发生此类问题的可能性只会随着对数据的不熟悉而增加，特别是社交媒体、物联网、自动测量设备等越来越多的中间媒介接触了数据。

（3）我们应该信任数据吗？正如第 6 章所述，不可靠、不准确的数据是常态。就像一辆汽车不可能比它的零部件更好一样，基于数据的分析也不可能会比原始数据更好。一些数据本来就不准确（GDP 的预测）；还有一些数据因为处理错误变得不准确（Barrett , 2003）。通常情况下，数据收集并不达标。例如，太多的信用报告中存在错误（Bernard, 2011）。除非有一个质量可靠的运行程序，否则数据质量就会很糟糕！因此数据科学家需要解释是怎样识别并解决问题的，还要对分析中应用的数据质量保持公开透明。

（4）分析工作进行得怎么样？有一些分析进展很快也很容易——只需要进行一小部分的整合；很显然最好的分析方法会产生相似的结果；好的图像自己会说话；并且很容易就能联想到数据结果的进一步应用。其他的时候，有关数据的事情就是一堆烦心事——数据科学家需要对数据解决方案做出太多选择，数据整合比预期时间还要长。因此需要数据科学家公开他们的工作、他们的信心水平，以及他们对预定目标外其他隐含内容的直觉。

（5）是否存在“重要因素”影响你的分析，比如先入为主的概念、被隐藏的假设，或者相互矛盾的数据？这里有很多要做的事情。第一，期待在数据和分析上的投资能够获得回报是很正常的，但是这种想法有副作用，人们会“发现”他认为你想要的东西。比如，一开始说希望有 10% 的收入增长，这会导致人们找到短期的 10% 增长，但长期来看这种增长并不存在，或者他们会因为忙于寻找 10% 的增长而错过了 100% 的潜在收益。

第二，高级的分析过程涉及许多判断。数据科学家可能在分析中使用了一些数据，而排除了其他数据。这会影响分析中的数据结构和生成信息的质量。你需要确认他们没有这么做。答案的清晰程度和完整性与给予结论的权重有关。

第三，数据科学本质是关于如何深入理解世界运行过程的。错误的假设会造成严重后果。例如，房屋价格在各个市场之间不相关的假设是造成 2007 年金融危机的主要原因（Silver, 2012）。你应该坚持要求数据科学家用听得懂的语言陈述假设。如果一个人说“我们已经假设了‘等分散性’”的时候，不要胆怯地转移视线。

（6）你的结论能经受住市场的审查制度、变化状况以及一些糟糕情况吗？不要把数据科学和经典物理学混淆。证实一个结论不像从高塔之上丢下不均匀重物那样简单。你希望数据科学家有怀疑精神、互相挑战、反复测试和量化，或者充分描述他们的结论在正常情况下有哪些不确定性，并且当不确定性出现时把它弄清楚！这很重要，因为实际应用可能会超出数据科学家的权限。

（7）谁会受到影响？怎样的影响？例如隐私是一个很敏感的话题——在组织内部和外部都是这样。有帮助的和令人不舒服之间的分界线是灰色区域，而且差别不大（Duhigg, 2012）。不同的社会对隐私的认知、每个人对隐私的看法都不同，而且人们的想法也会变化。法律框架（例如：GDPR，见附录 D）还在发展过程中。数据科学家

《哈佛商业评论》给管理者的数据分析基础指南

其实我们不太愿意推荐任何人"去读点东西"，但这本书是例外。这本书收录了一系列电子论文，由托马斯·达文波特，D. J. 帕蒂尔（D. J. Patil），以及迈克尔·施拉格（Michael Schrage）等杰出人物，埃米·加洛（Amy Gallo）等记者以及很多其他方面的专家编写，这本书非常出色。书中的章节短小精悍，文笔非常好。管理人员应该浏览一下这本书并且把它放在书架上，需要的时候作为参考。而数据科学家们应该研究这本书，从而理解决策者们来自哪。

可以创造出令人意想不到的观点，但是他们还没有足够的能力去思考其中的含义。拿这个问题去询问和你一起工作的数据科学家、同事、隐私专家以及那些要保护公司品牌的人，这一点非常重要。

（8）我可以帮忙做什么？很明显，如果前面 7 个问题的答案不能让人满意，这个问题就没有必要问了。记住，任何重要的发现都会对组织产生影响。我们特别关心变化管理。所有的变化都很难，而大多数数据科学家都很容易对违反直觉的结果进行抵抗。

入门工具包，顾名思义，是广泛但不特别深入的问题，尽管它几乎肯定会导致深入的讨论。它促进了对数据科学家和决策者所考虑的一系列问题的讨论。同时，如果情况需要，数据科学家应该把其他方面的专家邀请来加入那些话题中，比如隐私方面的专家。

总　结

我们前面提到过（第 10 章），帮助个人决策者以及整个组织变得数据驱动符合数据科学家和首席分析官的长期利益。用绳子测量腰围的练习意在帮助决策者理解即使是最简单的测量也是很困难的，并且通常也充满乐趣。第二个练习意在帮助参与者形成一个对数据科学更深入的理解，而且这个练习要求更高。最后，入门问题集是为了帮助决策者提出好问题。短期内，这个经历或许不是太愉快，但是长期来看，尤其是随着具体分析和数据科学越来越普遍之后，决策者会感到越来越适应，其好处会是巨大的。

同时，它们还会提高每个人的量化水平。用一点时间思考一下这个问题——想象一下如果公司中每个人每天多做一点数据科学方面的事情，这个公司会变得多强大！你很可能会从这样一个综合性的项目中受益，这个项目涵盖了相关性与因果之间的差异和变化，A/B 测试以及人事部、市场部、钻探石油等方面的热门主题。我们会在下一章关于 InfoQ 框架的内容中继续探讨这些练习。

总而言之，数据科学家和首席分析官的真正工作还包括帮助同事和决策者更好地适应数据科学。因此，尽可能用简单、容易参与的方式教他们数据科学的基础知识，并且如果机会允许，你要面对更困难的问题。

正式地评估数据科学产出

上一章我们关注了把基础知识教给你的同事以及为决策者提供一些入门的问题。当然，帮助决策者成为更好的数据科学用户这件事情永远不会停止。当他们的经验增加时，你需要根据信息质量模型的 8 个维度为他们提供更加正式的模板（Kenett and Shmueli, 2016a）。这会使决策者了解得更深入，促进有关权衡利弊的讨论，并且帮助他们提升组织中的信息质量。布赖曼（2001）描绘了统计建模的两种不同风格，其目标是要从数据、数据建模和算法分析中得出结论。InfoQ 框架从两种途径来描述输出，适用于商业、学术、服务和工业等不同情境。

评估信息质量

InfoQ 框架为评估分析工作提供了结构化方法。InfoQ 被定义为效用 U，是由给定的数据集 X 和给定的目标 g 通过一定的分析 f 导出的。数学公式为：

$$\text{InfoQ}(\text{U}, f, X, \text{g}) = \text{U}(f(X \mid \text{g})).$$

举个例子，考虑一下那些想通过开展顾客挽留活动来减少用户流失的手机运营商。他们的目标（g）是准确地发现有很大可能流失的顾客——这是本次活动的合理目标。数据 X 由顾客的使用情况、想改变运营商的顾客名单、流量模式以及向客服反馈的问题组成。数据科学家计划使用决策树 f，这将帮助她 / 他定义业务规则，从而识别有类似流失可能性的顾客群。效用 U 指把本次活动的目标群体限定为有很大流失概率的顾客所带来的利润增长。

InfoQ 由 8 个维度决定，这些方面也可以在特定问题和目标下单独评估。具体包括：

（1）数据解析。测量规模、测量的不确定性以及数据聚合度是否与目标相符？

（2）数据结构。可获得的数据源（包括结构化数据和非结构化数据）相比目标足够全面吗？

（3）数据集成。不同的数据是否正确集成在一起了？注意：这个步骤可能涉及解决糟糕且令人困惑的数据定义、不同的测量单位以及变化的时间戳。

（4）时间相关性。数据采集的时间段与目标有关系吗？

（5）普遍性。结果在更广泛的情境下适用吗？特别是从样本人群到目标人群的推论合理吗（统计泛化——第 8 章）？有其他的考虑因素可以用来泛化发现吗？

（6）数据和目标的演化。这些分析和决策者的需求随着时间变化进行同步了吗？

（7）可操作化。结果的展示方式能够促进下一步行动吗？

（8）交流。结果是否在正确时间、以正确方式展示给决策者（就像第 7 章中提到的那样）？

InfoQ 评估中用到的详细问题清单参见附录 C。

重要的是，InfoQ 可以让有关权衡利弊和优缺点的讨论结构化。回到上文提到的手机运营商，考虑另外一个可能的数据集 X^*，X^* 包括 X 的所有数据，又增加了信用卡流动数据，但是这个数据在两个月后才能获得。数据解析度（第 1 个维度）提升了，然而时间相关性（第 4 个维度）下降了。或者假设一个新的机器分析 f^* 被同时执行，但是 f 和 f^* 的结果并不完全相同。“这时候该怎么做？”这些是对于决策者、数据科学家以及首席分析官来说最重要的讨论。

此外，InfoQ 框架不仅可以使决策者变得更专业，还可以应用在很多情境下。它可以帮助设计数据科学项目的中期评估，也可以作为一种事后剖析方法来总结经验教训。参见科耐特和史姆丽（2016a）对 InfoQ 的综合讨论，以及它在风险管理、医疗保健、顾客调查、教育以及官方统计方面的应用。

信息质量研讨会

这个研讨会运用 InfoQ 使整个团队理解了明确目标的重要性，了解了要想使信息质量达标需要做哪些事情。它用 InfoQ 把个人工作、小组讨论和小组展示结合在一起。

第一阶段：个人工作

请完成以下四个步骤，并且把每一步的结果记录下来，以便进行后续讨论。

第一步：背景

选择一个你很了解的组织，比如你现在或者以前工作的地方，一所学校，一家医院，或者一家餐厅。

（1）回答下列问题：这个组织最重要的客人和供应商是谁？它最重要的产品和服务是什么？

（2）为这个组织选择一个重要的目标。可以是降低成本、提高质量或者增加新顾客。这个步骤确定了 InfoQ 框架中的目标 g 和效用 U。

第二步：数据

列出可以帮助决策者实现目标的各种数据来源。在评估数据的过程中，要注意数据的质量和清晰程度。数据质量反映了数据可以被信任的程度，数据清晰程度代表了组织不同部门定义和收集数据的方式。这个步骤指定了 InfoQ 框架的数据集 X。

第三步：分析

确定几种有助于组织实现目标的数据分析方法。在这一步，识别并列出分析方法 $f_1, f_2, \cdots, f_p$。

第四步：评估

用 InfoQ 系统的 8 个“维度”评估数据和潜在分析，用 1~5 来划分等级，1 代表非常差，5 代表非常好。

（1）数据解析。当数据粒度正确时，如果测量规模是正确的，聚合度也是正常的，此时写下“5”。

（2）数据结构。当数据覆盖范围中有很严重的遗漏时，写下“1”。

（3）数据集成。等级“5”代表无缝集成。

（4）时间相关性。当数据和目标在时间上同步时，等级为“5”。

（5）拓展性。当我们了解的知识可以推广到很多其他情况时，等级为“5”。

（6）数据和目标的演化。分析和建议可以从决策者的角度给出时，等级为“5”。

（7）可操作化。如果分析不能转化为可创造商业利润的举措，等级为“1”。

（8）交流。“谁”（需要信息的人）“什么”“何时”“为什么”和“怎么样”都很清晰，等级为“5”。

注意：可以从 Wiley 网站下载科耐特和史姆丽（2016a）提供的一个应用程序，该程序可以记录 InfoQ 所需的等级，同时考虑到评分的不确定性，这个程序也提供一系列其他评分标准。这个应用需要安装 JMP 软件，可以提供总 InfoQ 得分，该得分是基于各个维度得分的几何平均值算出的。

第二阶段：小组合作

组成 3~4 人的小组。

（1）与小组成员分享你的案例研究，并参与公开讨论。

（2）选择本小组用于展示的案例。

（3）准备案例研究。

第三阶段：小组展示

每个小组针对所选的案例研究做一个报告。

（1）研讨会的参与者用之前所说的 8 个维度为小组展示打分。

（2）总结所有得分，并参与小组的公开讨论。

总 结

本章目标是帮助您继续我们在前一章中开始的教学决策的过程。决策者每天评估数据科学家和他们的工作，即使只是非正式的。我们应该帮助他们理解更正式的标准（像 InfoQ 那种）。最后，即使最好的数据科学也需要权衡，而正式的标准可以帮你主动开展正确的讨论。

这点说得再多也不为过——数据科学家和首席分析官的真正工作还包含帮助决策者成为更好、更高标准的数据科学用户。

高级领导者的教育

想象一下高管们对数据和数据科学没有特别的兴趣。但是，他们每天都会收到很多浮夸的言论："数据是新型燃料"，或者对数据分析和人工智能的夸大其词，要成为数据驱动的劝诫，有关必须数字化的激烈主张以及被警告数据泄露导致隐私担忧和名声损坏等。是的，大约有五家科技公司在获利，但是没有哪个重要的竞争者真正接受了数据和数据科学。2017 年 5 月 6 日的《经济学人》封面上声明，数据是"世界上最有价值的财富"，但是这些说法由来已久。然而数据分析项目的失败率却很高（Demurkian and Dai, 2014）。这些信息相互冲突，彼此不相匹配。

回到眼前，高管团队经过两年的尝试仍然不能使三个系统的销售数据统一。让问题更复杂的是，首席信息安全官、首席隐私官、首席信息技术官、首席数据官、首席数据化官、首席分析官等人的视野很狭隘，而且为了获得关注和资源在相互竞争。他们确实没有说谎，但是没有人可以说清楚情况。哪里都没有直接的答案。

在这种情况下，高管们只能得出这样的结论：数据是令人迷惑的、过度炒作的混乱事物。并且他们是正确的！既然没有能被信任的观点（或数据），高管们很可能会靠直觉来做判断。

显然，这种做法对数据整体，特别是数据科学而言都不是一种好的预兆。最乐观的情况下，它可能意味着真正重要的问题不必咨询数据科学的建议、数据科学可能遭遇资金短缺或处于不利的位置，或者得不到一个公平的机会。这也意味着，任何类型的数据变革或分析变革必须等待下一任领导，因为变革都是由高层主导的。而最坏的情况下，它会威胁到整个公司。“曾经的伟大公司”的名单中到处是那些没能及时发现行业内变化的技术、理念或者能力并对其作出快速反应的公司。

当然，大多数高层领导人都不会这么轻视数据科学，很多人知道他们应该把问题全部解决。但是我们应该意识到这当中肯定会存在困惑、差距和一些误解。首席分析官要把解答困惑、缩小差距、纠正误解以及提供观点作为个人的使命。高级管理人员，包括董事会成员，有权得到简单、全面、没有偏见的解释。首席分析官是最有资格提供这些解释的人——毕竟这项工作涉及从复杂性中看到最核心的简单本质。

各种问题都会出现。最起码，首席分析官应该准备好回答以下问题：

哪些是相关的?

分析结论（以及其他与分析有关的事）在哪里适用？

高管要做什么？

最后，首席分析官必须赢得管理者的信任，并在被问到这些问题的时候可以直接给出答案。

面面俱到地谈

有趣的是，石油本身对任何人来说用处都不大。你可以用它给发动机提供动力，但是即使那样，燃料和发动机也几乎不能给你带来任何东西。还需要更多：你需要把很多部件组合在一起，形成一个产品（像一辆车），需要设计并制造这辆车，需要卖掉它，需要一个公司来完成所有这些事情。

我们发现这个车和汽车公司的例子提供了一个有用的框架，可以参照着来对“数据是新兴能源”做类比。见图 14.1。

让我们按顺序考虑一下这个类比的几个特点。首先，安全对于数据来说，就像安全性能对汽车一样。因此，生产商努力工作使车辆安全，安装了安全气囊、保险杠、防撞缓冲区、助力制动，以及盲点镜。同样，公司必须采用多种多样的技术保证数据的安全。

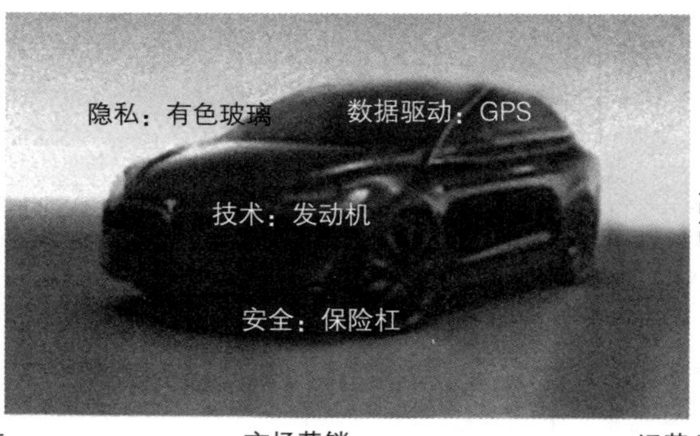

图 14.1　以车辆类比数据：制造和出售车辆以及运营一个成功的汽车公司所需的条件

类似地，技术是新型发动机。发动机给汽车提供动力，如果没有技术进步，由数据和分析主导的变革是不可能发生的。技术包括数据库、通信设备和协议、支持数据储存和处理的应用以及驱动这一切的原始计算能力(目前大部分在“云”中)。这个设施被称为“云”，叫这个名字很奇怪，毕竟它大部分是由水下的光纤组成的。

在这个类比中，我们把数据驱动这一概念比作汽车的 GPS（全球定位系统）。像我们在第 10 章讨论的那样，“数据驱动”代表使用尽可能多的数据去支持决策。GPS 为司机做的就是这样，根据最新的交通状况和事故报告帮助他们导航到目的地。

然后，物联网是一个包罗万象的术语，指的是嵌入产品和生产线的能够产生新数据和进行效果控制的互联设备。Nest 家用温度计就是一个例子，并且在这个类比中，我们把它们比作汽车的内置维护系统。然后人们可以实施状态检修（CBM），维修计划反映了车辆的状况和驾驶模式，而不是一刀切的模式。CBM 既可以减少开支，也可以提升安全性。但是它需要传感器数据和有预测功能的分析模型。

类似地，我们把隐私——人们有权利控制个人信息的使用程度——比作有色玻璃，可以阻止他人知道车内人员的身份。坦率地说，这个类比不太准确。隐私是复杂的，因为不同的人对隐私的看法不同。形势变化得很快，欧盟的《通用数据保护条例》预示了全世界未来的变化趋势（见附录 D）。

值得一提的是，车辆的发展越来越网络化、集成化和自动化。所以安全性、数据、控制以及隐私担忧在其他任何公司的情况都是类似的。例如，安全不仅仅是安全气囊和保险杠，真正的恐惧是网络安全——有人侵入并劫持车辆。

数据空间部分的另外一些重要概念与设计和制造、市场营销以及运营公司进行了类比。首先，制造。在数据领域，“数字化”或“数字化转换”指的是在可能的情况下将数字技术应用于实际操作和决策。数字化建立在现存的技术上，目标是扩大规模以及降低单位成本。我们把它比作汽车生产中使用先进机器人。第 17 章是有关产业向先进制造进化的内容。

就像制造过程被控制得很好一样，数据管理背后的概念是数据操作的所有方面，包括数据流动，数据应用，创造数据和更改数据，这些过程都应该被控制得很好。

接下来是元数据，我们已经提及。元数据是用来解释其他数据的数据，其示例包括数据定义和数据模型。这个话题可以非常深奥。我们在这里提及元数据，因为很多问题（比如无法给来自三个系统的基本问题提供一致的答案）源于元数据不足，进一步说是源于不准确的专业语言。我们把它比作工厂的库存管理系统。

我们认为有一个话题被低估了，那就是专有数据。不像大部分员工可以被挖走，或者资金——你的钱和其他人的一样；你的数据是你独有的。如果管理得好，数据中的一部分可能会获得“专有地位”并且会成为竞争优势的来源。著名的例子包括脸书（Facebook）的*friend*，领英（LinkedIn）的*connection*，以及标准普尔（Standard and Poor）的*CUSIP*。在我们的类比中，我们把专有数据类比成汽车制造商用来开发某种独特产品的知识产权。

接下来是市场营销和销售。数据的货币化是指数据可以被“出售”或“授权”而盈利，或者被内置到其他可以盈利的产品中。这与汽车的市场营销很相似。“数据应该被当成一种资产并且应该和其他资产一样进行专业而有力的管理”（Redman, 2008），这种观点在过去的十年中获得了相当大的支持。对于一家汽车公司来说，这意味着他们需要以同等的方式来管理数据与资产。信息经济学将这个想法又推进一步，指出数据应该出现在资产负债表上面（Laney, 2017）。

为了完成类比，我们注意到在图 14.1 中，我们把数据类比成了燃料，并且把高质量的数据类比成了高质量的燃料。当然“数据”

在类比的其他部分也反复出现。

数据科学也是如此，它包括描述性的、预测性的和限制性的分析；可视化；数据统计；人工智能；机器学习；自然语言处理以及商业智能。一旦准确部署，数据科学会使所有事情变得更好！

“大数据”这个词经常被使用，但也经常被误用。准确来讲，大数据涉及数据容量、种类和速度，这些东西不能以传统的方式处理。虽然我们不相信一辆车本身需要管理大数据，但是管理整个车队很可能需要管理大数据。

车辆的类比在所谓的“定向想象”方面特别有用。这个著名的方法已经应用在了很多情境下，令人印象深刻的就是在运动员的训练中。例如，滑冰运动员伊丽莎白·曼利（Elizabeth Manley）和跳水运动员格雷格·洛加尼斯（Greg Louganis）声称，想象帮助他们赢得了奥运会奖牌。数据科学家和首席分析官确实需要有丰富的想象力，而汽车的类比和定向想象工具都可以提供帮助。然而，这个主题已经超出了本书的范围。

公司需要数据与数据科学战略

以车辆为例可以清楚看到，在数据领域发生了很多事情。除了它引起的困惑外，这种过度宣传使数据领域的事情看起来似乎比实际情况要简单多了。聘请一位首席行政官和几位数据科学家，把数据放在云端，把算法变得更宽松，之后在较短时间内就能获得好处。

这是完全错误的！在数据方面不存在圣杯、速食布丁以及快速成功。除了数据质量可能是例外（见下文），数据领域的一切都是艰苦的工作。想跟上速度，公司需要学习很多东西，并且要为一定数量的尝试和失败做好准备。

总之，从数据中获利的方法有很多，但是出错的方法也很多。这使我们认识到：每个公司都需要数据战略，并使之与公司的整体业务战略完全整合。该战略需要包括公司当前和期望的行业地位、竞争格局、公司期望的数据竞争方式和地点、专有数据、人员以及风险容忍度。公司必须作出艰难的选择，所以在某些领域，正确的做法就是“静观其变”。但是这些选择应该建立在扎实的工作基础上，而不是漫不经心！

非常坦率地说，最棘手的问题就是人才。如果公司在采纳新兴技术方面晚了一点，它们还是可以恢复的。但是人才，特别是数据科学家和相应管理的能力的短缺，目前已经十分严重，并且在可预见的未来仍将继续。

组织“不适合数据”

这样的组织“不适合数据”(Redman, 2013d)。这里所说的“组织”由四部分组成，还有一两个公司不适合数据的例子：

• 人员。公司的整体架构从上到下都缺乏足够的具备所需技能和专业知识的人员。

• 结构。孤岛是数据共享的敌人，阻碍了跨职能的协调和工作。

• 政策和调控。数据定位和责任是错位的。

• 文化。虽然个人和组织说他们重视数据和数据科学，但是其实并没有。

这涉及很多问题，而我们只关注两点。首先，我们发现很多人混淆了数据和技术这两个概念。在过去，这种混淆导致公司将数据方面的任务分配给信息技术部门，这对双方都不利。数据和技术是完全不同的概念，需要不同的管理风格。

重要的是，技术越来越成为一种商品。正如尼古拉斯·卡尔（Nicholas Carr, 2003）多年前指出的那样，基本的储存、处理和通信技术已经普及所有人了，而成本只是几年前的一小部分。如果说有什么不同，那就是卡尔所说的趋势正在加速发展——看看云计算技术的惊人发展、智能手机的普及，以及高级分析和人工智能技术的便捷使用。

这些事情使我们意识到，第一步是要把数据和技术的管理责任分开。

第二步是为数据科学家找到正确的位置，太多的公司也许不知不觉中把数据科学家安放在了必然失败的位置（Redman, 2018a）。我们将在下一章讨论这个问题。

从数据质量开始

在第 6 章中，我们在数据科学的背景下讨论了数据质量。在公司中，大部分数据的质量都是很糟糕的（Nagle et al. 2017），并且相关成本还非常高（想想看，收入的 20%；Redman, 2017c）。更糟糕的是，人们的确不信任数据（《哈佛商业评论》2013），而如果他们不信任数据，你就不能指望他们做出数据驱动的决策。我们发现，大部分数据问题的根源都相当简单，可以相对容易地消除。因此，数据质量是启动数据工程好的切入点，节省的钱还可以为这里的所有计划提供资金。

总　结

教会高层管理人员并且帮助他们施行总体的数据战略确实是一项艰巨的任务。这个领域是令人困惑的一团乱麻，而且这件事非常敏感，涉及政治。总是有很好的理由推迟，或者干脆避开那些棘手的问题。但是如果一家公司或者一家机构希望享受数据和数据科学带来的更多好处，首席分析官就别无选择。因此，首席分析官们的真正工作还包括建立信任、举止庄重，这样他们才会被倾听；他们还要对有关数据的各种观点进行梳理，引导高层管理者展开一些必要的讨论以便了解真正的问题，以及帮助公司设计发展路线。

把数据科学和数据科学家放在正确的位置

维护是分析的一个重要领域。某数据科学家在一家国际半导体公司工作，制订了最佳“拆分维修计划”。其理念是分步执行维修任务，把维修任务分时段进行，代替原有的整体停机维修。这种做法的好处是总的停机时间更少，从而为晶圆制造过程节省了大量资金。他在维修组织中获得了巨大的成功，所以想把成功经验和 CBM（使用生产系统和原材料数据）结合起来以便复制这种成功。但是相关数据只能从运营部门的数据库中获得，而他无权查看数据。正如故事显示的那样：“孤岛是数据共享的敌人。”它们对数据科学的破坏性尤其大，因为有很多机会都存在于组合数据的过程中。

需要更高的权限

在当今等级制、命令控制型的组织中，唯一的解决方法是由一个在管理链中等级足够高、并且有权威和声望、坚持共享数据的首席分析官来实现。W. 爱德华兹·戴明（见“组织的结构影响数据科学”）在20世纪80年代初呼吁这样一个解决方案：“应该有一个统计方法论的领导者对最高管理层负责。他必须是一个能力不容置疑的人。他将在公司中担任统计方法论方面的领导职务。他将从最高领导层获得授权，可以参加任何他觉得值得参与的活动。他将是主席和员工的任何重要会议的常客。”（Deming, 1986）。尽管现在的首席分析官都要依靠个人声望而不是正式授权，但毫无疑问，戴明的理念是对的。

> **组织的结构影响数据科学**
>
> 本章向W. 爱德华兹·戴明（1900—1993）先生致敬。戴明是物理学家，后来成了统计学家，然后又成了管理顾问。他的影响令人难以置信，起初是在日本，后来在西方也产生了巨大影响。很多日本人把日本战后1950—1960年间经济的奇迹发展归功于戴明，而他对世界其他地方的影响也是难以估量的。他的核心观点是，要想提高质量和产量，需要在广泛应用统计思维的基础上进行根本性的变革。他建议，这种变革也需要组织成立一个部门。如今的数据科学同样是变革性的。
>
> 戴明还呼吁组织设立高级的“统计方法论的领导”，也就是我们所称的首席分析官。

至少，数据科学应该与公司最重要的战略重点保持一致。例如，轮胎制造商倍耐力（Pirelli）的数据科学与分析主管卡洛·托尼艾

（Carlo Torniai）专注于三个主要领域：智慧制造、网络技术以及从原材料供应到最终产品销售的扩展价值链。他的团队工作内容包括更精确地测量和管理数据，并且使用实时信息在这些领域开发更有效的解决方案（Pirelli, 2016）。

对于倍耐力公司来说，数据的最大来源是生产线。他们在生产过程中测量与轮胎制造和产品质量有关的运行参数。对于任何轮胎，倍耐力公司都会监测原材料以及轮胎生产设备的不同设置和读数。有了这些信息，倍耐力建立了轮胎质量预测模型。

下一步是从可以预测的模型转变为规定性的模型，并实时调整机器的设置。系统在每次改变的时候都会进行“学习”，所以，这个过程将不断改善。

倍耐力的数据团队小组还想引入预测轮胎维修时间的技术，以便让驾驶员知道他们的轮胎什么时候需要打气、维修或者更换。这样就可以使管理者们将停机时间保持在最低限度。

“在不远的将来，我们设想会有一家虚拟工厂，在任何给定的时间内，资源的分配和预期的结果都是已知的，机器可以自动调控过程和物料流动，并且可以针对所需要的技术给出建议。”托尼艾说（Pirelli, 2016）。

托尼艾认为他的一部分工作是解释这种新方法，同时给出商业案例证明。“这不仅需要技术能力，还需要沟通能力以及用数据向不一定是技术人员的人讲故事的能力，”他说，“你需要向他们解释，但你经常得不到一种非黑即白的解决方案，而是很多种可能性，所以你需要向那些习惯处理直接数据的人解释‘模糊性’，然后以此作为决策的基础。”

托尼艾的成功离不开高层的充分信任。

建立数据科学家网络

此外，像我们之前谈到的那样，每个部门、每家公司、每个领域对数据科学的需求都在变得越来越强烈。聪明的公司已经意识到，一场根本性变革正在进行中，而这场变革是由数据、不断增强的计算能力和迅速发展的人工智能技术驱动的。首席分析官最重要的工作是确保公司有一个各司其职的数据科学家网络可以提供支持，甚至在一些情况下引领这场变革。

公司可能犯的最糟糕的错误是雇佣一些聪明的数据科学家，组成一个数据科学实验室，给他们提供访问数据的权限，然后放任他们，并希望他们得到很棒的结果（Redman, 2018a）。由于缺乏关注和支持，这种项目大部分都失败了。

相反地，戴明建议把数据科学家放到一线去：“在每个部门都应该有一位统计人员，他的工作是发现那个部门的问题，并且致力于解决它们。他有权利和义务去询问有关那个部门任何活动方面的问题，并且他有权获得负责任的答复。”（Deming, 1982）

虽然我们赞同戴明的想法，但它需要适应当前的需求和技术。

我们看到了数据科学发展机会的连续统特征。一方面是基本流程改进的机会。对于这种问题，把数据科学家“放在一线”很明显是合适的，并且与戴明的观点一致（Hahn, 2007）。

另一方面是推测性的机会（例如，根据社交网络数据重新思考与信用相关的决策），需要根本性的创新。这些必须在“数据实验室”中进行（Redman and Sweeney, 2013a）。

当然，如图 15.1 所示，在这个连续体中，中间位置存在很多机会，每个机会都有其独特的结构。例如，微调一个复杂的算法可能最

卓越数据科学中心：数据科学可以外包吗？

很多公司把数据科学家安排在“卓越中心”。这样做的原因包括：提供一个更好的环境使数据科学家进入角色，培养他们的技能，使他们互相学习；可以解决资金问题；创造大量的人才。数据科学家扮演着类似内部顾问的角色（当然，他们不只是负责提出建议，同时也参与工作）。对某些公司和某些问题来说，这是一个很好的选择。

照这个思路延伸下去，卓越中心很容易成为一家独立的公司，而决策者以付费服务为基础雇佣它。并且，考虑到数据科学刚起步（相对而言），高层管理者自然会问，他们是否应该把数据科学工作外包出去。毕竟，学习如何管理数据科学是一项艰巨的任务。许多提供数据科学服务的小型公司正在兴起。那些公司知道该如何管理这项工作，并且拥有经验丰富的数据科学家团队和很多现成的经验。这种方法是有一些好处的，尤其是针对那些刚起步的公司和面对亟待解决的问题却无能为力时。但是我们认为这不是一个好的长期解决方案。无论是否设置在机构内部，公司都要努力管理好数据科学工作。更重要的是，数据科学正日益成为竞争优势的来源。公司迟早都要学习怎样发展和留住人才。外包你的竞争优势绝对不是一个好主意。

好在某些公司成立的“卓越中心”（参见《卓越数据科学中心：数据科学可以外包吗?》）完成。

不存在通用的解决方案。首席分析官必须权衡对数据科学的需求，以便与他们所支持的决策者、公司管理数据科学家的能力（很少有生产线的管理人员懂得如何对待数据科学家）和实际的政治现实拉近距离。

此外，即使是在小规模的公司，首席分析官也不太可能完全控制所有的数据科学家——因为部门管理者可以雇用自己的数据科学团队（例如，很多数据科学家的报告涉及营销内容）。因此，首席分析官的口号是通过嵌入式、外包和实验室数据科学家等多种方式相结合来为决策者提供支持，并且在他们中间建立一个网络社区。

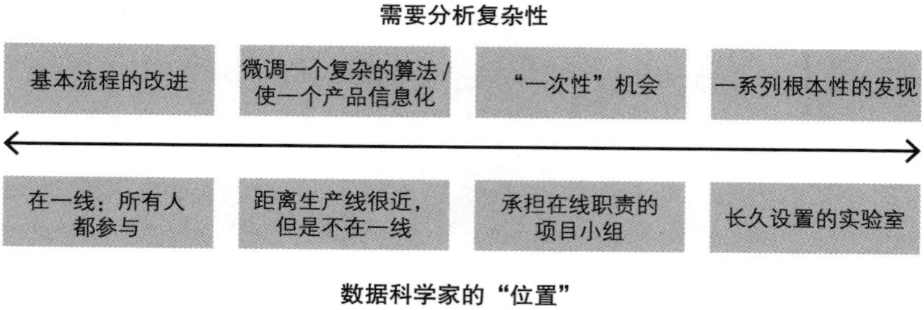

图 15.1　对数据科学家来说，在组织内最好的“位置”取决于他们要解决的问题类型

总　结

首席行政官的工作包括获取足够的数据科学人才，建立正确的组织结构，让所有的数据科学家（以及整个组织）在把数据转化为信息、做出更好决策、强化组织能力等方面效率最高。要想做到这一点，首席行政官必须获得高层管理者的信任，所以建立信任和培养个人声望是他 / 她最重要的工作。

首席行政官应该尽可能向公司高层汇报。他 / 她应该领导一支数据科学家团队，根据他们的角色将其安排到不同的位置上。有一些，比如那些帮助解决日常问题的科学家，将会在一线。相反地，有些致力于长期工作或战略性更强的科学家可能会被安排在“数据实验室”。而那些支持中期目标的科学家可能会被安排在“卓越中心”或者与一线接近但不是一线的位置上。

最后，首席行政官的实际工作还包括不断调整组织结构，因为数据领域的一切都在不停变化。

提升分析成熟度级别

假设你在为一家银行、汽车制造商或者手机运营商工作。你的企业完成了许多旨在满足客户需求的任务与交易，并积累了书面报告、客服中心的手写和录音记录、工程规范、金融数据、库存量等各种类型的数据。如何处理这些数据体现了企业数据管理能力和分析能力的成熟度。

理解这个成熟度级别有助于更好地开展数据科学的短期和长期工作。我们把成熟度划分成 5 个级别：

1 级。救火：随机报告应该昨日就提交。

2 级。检查：关注描述性统计数据。

3 级。流程视图：使用统计分布对变化情况进行建模。

4 级。质量源于设计：为数据收集设计相关干预措施和实验。

5 级。学习与发现：形成数据科学的整体观点。

接下来我们将展开介绍这些层级的各自特点以及它们对数据科

学的影响。在成熟度阶梯上的位置越高越能够从数据以及数据科学中获得更深入和广泛的利益。这与“统计效率猜想”[1]的效应相似。

让我们从救火级别开始，救火说明企业的成熟度处于很夸张的级别，非常混乱，以至于人们只顾得上眼前。处于这个级别是不需要过多数据分析的，因为火是可见的，会产生火焰、热量和气味。消防员需要立即找出问题所在，并提供快速解决方案。这一工作是十分忙乱的！大部分企业不可能长期处于救火状态。产品与服务不合格，客户与员工都会离开。在这种情况下，数据分析师被要求提交的报告其实本该在前一天就生成。这就是典型的肤浅和缺乏洞察力，肤浅之处在于企业只关注即时可用的数据，缺乏洞察力则是因为管理层不给数据分析师机会去反思他们的发现。

检查工作为救火级别提供了一条出路。为了防止问题牵涉顾客，企业需要检查所有产品与活动。检查数据——比如物联网里的使用追踪、在线过程控制应用——能够帮助确定产品与服务的质量。经过一段时间的收集，检查数据就可以提供类似“后视镜”视角的结论。

成熟度处于检查级别的组织有许多数据可供分析。商业智能平台（如 Power BI, Tableau 和 Excel 的数据透视表功能）可以帮助数据分析师以不同视角和切片来可视化数据。这类组织的传统报告都是

1 统计效率猜想认为，随着组织在分析成熟度上的提升，他们在解决问题、以更低成本提供更好的产品和服务方面变得更有效率。这个猜想已经在 21 个案例中进行了检验（Kenett et al. 2008）。

带有描述性数据的平面图（如条状图和饼状图）。

就好比驾驶员不可能通过照镜子来驾驶车辆一样，仅依靠历史数据也很难管理一个组织。驾驶员需要隔着挡风玻璃向前看，企业也需要类似的前瞻能力。1924年贝尔实验室的沃尔特·休哈特（Walter Shewhart）发明了控制图，使得准确预测的科学向前迈进了一大步。休哈特在他的公式中明确采用了变量。重要的是，这一图表能够在过程失控时触发警报，同时提供了一个改进平台，并且常常能够为发现这些机会提供帮助。

试想一下，1924 年的时候你在一家美国公司工作，公司主要负责开发、生产、组装以及维修电话系统。上司要求你提供一种工具来管理电话装配流水线。问题是，你被要求研发一种能够帮助控制生产过程的工具，而不能依赖大规模的检查。在此状况之下，沃尔特·休哈特在 1924 年 5 月 16 日写了一封信给老板："附件中的报告是为了说明已观察到的、存在某种特定类型缺陷的设备占比变化是否显著；同时报告也可以显示产品是否令人满意。"

休哈特并没有止步于此："确定 P 值变化显著性的方法所依据的理论从某种程度上说能够涵盖所有类型的问题。"休哈特发明的控制图能够延展到许多不同的领域（Shewhart, 1926; Kenett et al.2014）。这是数据科学家和统计学家所做贡献的一个非常好的例子。控制图解决了一个世纪难题，为操作人员和管理者提供了一个实用的工具，并且理论上也是合理的。图 16.1 是一个现代网络系统的例子。

本着这种精神，2016 年，在一家大型半导体企业里，数据科学家将晶圆半导体晶片生产线的数据与测试数据整合起来，以便确定还需要做多少额外测试。如果支撑数据显示晶片有较大可能性会出现缺陷，该晶片就会接受进一步检测。而那些被认为不太可能出现缺陷的晶片则无须太多审查。这是一个“三赢”局面，节省时间、提高质量同时也对利润有贡献。这反映了工业统计方面 90 年来的进步。

具有这种流程视图的组织需要进行数据收集、数据分析以及数据呈现，数据呈现的内容包括预测性分析和在线监控，需要一个具有更强能力的数据科学家。控制图基于的理念是：统计分布展示了流程的稳定性。因此，它能够显示出底层分布何时发生了变化以及流程何时“失控”。在这种情况下，数据科学家的工作就是在后台处理可能的分布问题。

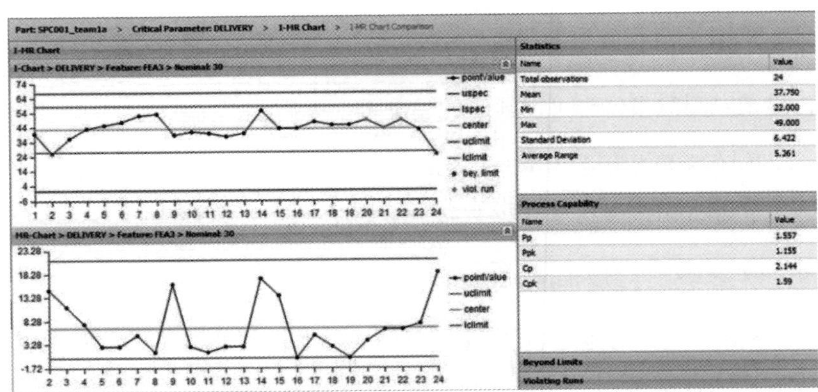

图 16.1　示例：记录每一次测量的控制图（上图记录的是具体测量值，下图展示的是测量值变化的幅度大小）。右侧面板提供的是总结性统计数据。资料来源：KPA 公司 SPCLive 系统

当管理者将这种前瞻性的思维应用于产品和服务设计时，雄心勃勃的企业会上升到数据分析成熟度曲线的下一个级别——“质量源于设计”。这一阶段需要统计实验、稳健设计和其他方法确保产品 / 服务满足顾客的需求且表现良好，即使在原材料质量参差不齐或者环境条件变化的情况下。田口原一（Genichi Taguchi）和约瑟夫·M. 朱兰（Joseph M.Juran）在这种方法的发展过程中扮演了重要的角色。20 世纪 80 年代，田口原一将他 20 世纪 50 年代在日本开发的方法引入西方（Taguchi, 1987）。朱兰描述了一种结构化的质量规划方法，它从满足顾客需求开始，并且确保这些需求在最终产品中得以满足（Juran, 1988）。

在“质量源于设计”的组织当中，数据科学家理解了实验设计的作用，并对规划干预措施变得积极主动。这是 A/B 测试的前身（Kohavi and Thomke, 2017），即网络应用设计师会引导顾客到备选设计上，然后通过点击率等数据来了解哪种设计最有效。

在提供人力密集型服务的公司里，人们更倾向于以定性的方式来实现“质量源于设计”，主要因素有以下这几点：

• 由于法规 / 规章的限制，或者政策要求必须平等对待所有客户，因此不能进行 A/B 测试。

• 顾客关系是服务的一个重要部分，是通过组合多种产品与服务来提供服务的。

• 顾客个体差异太大，以至于 A/B 测试实施起来非常困难。

更多关于行为大数据的内容可以参考史姆丽（2017）。

田口与朱兰都没有预见到大数据时代的到来，数据来自各个方面，包括社交媒体、网页点击量、“连接设备（比如物联网）”、个人追踪器等。这一崭新的时代不仅带来了挑战和机会，也向我们提出了第五层次的成熟度，我们称之为“学习与发现”。这一机遇是巨大的，包括了个性化医药、优化维护、数据驱动的决策等等。

我们需要非常精明的数据科学家。数据科学家需要从社交媒体收集数据，并将其与运营报告集成起来，从而得到更深刻的见解并建立因果关系。但社交媒体数据是否会因为自我选择而带有偏差呢？A/B 测试能够发挥什么作用？当数据集如此庞大时，数据推理的本质是什么？最关键的是，数据科学是如何驱动商业策略的呢？数据科学家需要回答上述问题。

图 16.2 展示了 5 个成熟度级别，简要描述了每个级别如何使用数据。

在提出这个成熟度阶梯时，我们强调了组织需要向上移动到“学习与发现”级别。森格（Senge，1990）强调了这么做的重要性。这种成熟度阶梯与质量阶梯相似，管理风格与科耐特和扎克斯（Kenett and Zacks，2014）所提出的工业统计方法一致。信息质量维度在第五个成熟度级别上很重要，我们会在第 13 章介绍更多这方面内容。处于“学习与发现”成熟度层级的组织很擅长生成高质量的信息。

再说两点。首先，不能期待组织的所有部门都处于相同的成熟度级别。一些个体与部门会领先，另一些则会落后。另外，就算是最好的企业也会出现危机。所以数据科学中没有“一劳永逸”的方法。

其次，“数据”作为一种资产，也越来越能够彰显自身的价值（Redman, 2008）。归根结底，消费者需要数据，知识工作者、决策者以及数据科学家也需要数据。同时，正如第 6 章所指出的，这些数据中的大部分都正处于糟糕的状况（Nagle et al. 2017）。首席行政官应该要同时看到机会与风险（Kenett and Raanan, 2011）。

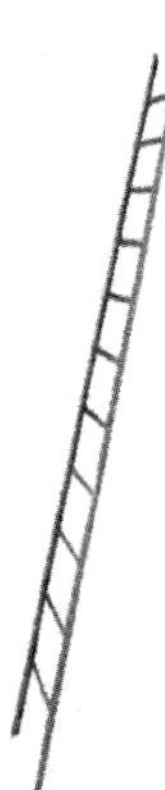

第 5 层：学习与发现——这是信息质量的重点。不同来源的数据被集成。在设计分析平台时，数据、目标和泛化的演变问题是一个重要的考虑因素。

第 4 层：质量源于设计——引入实验思维。数据科学家建议进行实验，比如用 A/B 测试来帮助确定哪个网站更好。

第 3 层：过程聚焦——概率分布是游戏的一部分。引入了变化在统计上是否显著的概念，对模型拟合给予了一定的关注。

第 2 层：描述统计数据——管理层需要看到直方图、柱状图和平均值。不使用模型，数据用非常基本的方式进行分析。

第 1 层：由灭火状态导致的随机性报告需求——新的报告解决这样的问题：我们上个月更换了多少 X 型部件或者 Y 地区有多少人申请了贷款？

图 16.2　分析成熟度阶梯

结　论

那么，为什么这一切都很重要呢？三个原因：首先，首席行政官短期的实际工作包括认识到你所服务的企业 / 部门在成熟度曲线上的位置，然后建立一个适合这个成熟度级别的团队。如果公司还在努力实现基本控制，而你建立了一个很牛的人工智能团队，你就没有做好自己的工作。你的数据科学家会因沮丧而离开，去寻找更美好的蓝图，而企业将会继续挣扎。这是一个沉痛的教训——每个人都想从事最前沿和最好的工作。你必须让团队聚焦于组织的成熟度，而不是反过来。

其次，处于阶梯中部和开展相应的工作更难。你必须使企业上升一个层次，才能从数字中获得更深刻的见解（Kenett, 2008, 2017）。这不是一件容易的事，你可能会失败。但是，扪心自问，谁比你更有资格领导这样的工作？事实上，我们认为数据科学家在这方面是最能胜任的。比如，在本章前述部分，我们认为公司处于灭火阶段时，没有可供分析的系统数据。这并不完全正确——简单地观察一下到底有多少场火灾需要扑灭就能发现真相。当然，你需要将自己完全融入业务中（包括所有相关的政治问题）才能发现这一点。那又怎样？一切重要的事情都与政治有关。适应一下吧。

最后，是关于数据质量的。大部分企业（甚至在第 5 层级的生产企业）在数据质量方面都处于灭火级别或者检查级别。那些已经达到流程级别的公司可以以更低的成本享受到更好的数据。你应该去主动找寻机会，最终目标是达到学习与发现的级别。数据科学与数据科学家在这一层级能够充分发挥潜能。

因此，首席行政官的实际工作应当包括在短期内建立一个适合企业当前成熟度级别的团队，并在更长的周期内领导企业在成熟度阶梯上不断提升。

工业革命与数据科学

本章为数据科学的发展提供了一个工业背景。这个背景很重要，因为它说明了首席分析官和高级管理者的重要作用——即根据不同来源的依据确定宏观趋势，并给公司进行适当定位，以便充分抓住这些发展机会。主要有下述 5 种工作环境：

（1）手工活动。工人们通过学徒制度学习手艺的手工体系。主要是通过经验的积累来学习，保存下来的数据很少。

（2）重复活动。机器可以更有效地完成重复工作。标志性的突破是水力织布机，是第一次工业革命的标志。此时，检验数据用于产品认证。

（3）工厂。装备齐全的工厂利用可重复的生产过程为大众生产物美价廉的产品。这是第二次工业革命的特征。此时，数据用来管控过程。

（4）自动化工厂。第三次工业革命时期，人们开始用电脑来控制生产过程。原则上，一套集成的应用程序完成了从库存管理到订单跟踪全过程，支持着整个工厂的运行。

（5）工业 4.0。第四次工业革命正在进行中。这次工业革命具有前所未有的数据水平和处理所有数据的高级分析能力，数据来源包括能够追踪热膨胀、振动和生产中噪音的感应器，网络物理系统和物联网设备。

“工业 4.0”一词在很多情况下都有应用，比如医疗保健 4.0、酒店业 4.0、食品 4.0 以及教育 4.0。所有这些行业的发展轨迹都和制造业相似。

第一次工业革命：从手工业到重复生产

欧洲中世纪，大部分家庭和社会团体自己制作物品，比如布料、家庭器皿以及其他家庭生活用品。唯一售卖的布料是农民织出来交给地主抵税的。男爵们给这些织物打上标签，代表着织物的质量等级。尽管有些许不同，但是欧洲和中国的纺织业整体是相似的。显然，纺织业是第一个进行数据分析的行业。19 世纪早期，英国棉纺厂就应用了一些简单的生产数据，包括缺陷产品的占比。监控质量产生的数据汇总到了账本中，用于会计和未来生产规划（Juran, 1988）。

工业革命是从英国开始的。理查德·阿克赖特（Richard

Arkwright, 1732—1792）是英国人，他是发明家也是领袖型企业家，被称为“现代工业工厂体系之父”。他发明了纺纱机和旋转梳棉机，后者能够把原棉生产成棉卷。阿克莱特的贡献在于把动力、机械、半熟练工人和新的原材料——棉花——结合起来，批量生产棉纱。十年间，他成了英国首富。

第二次工业革命：工厂的出现

20 世纪早期，一系列技术和管理技巧推动了大规模生产。在内燃机（要用油和气来提供动力）和电力的助力下，生产线使劳动分工规范化，大型工厂也建立了起来。泰勒系统以时间研究和动作研究为特征，促进了生产任务和生产配额的制定。同时公司也学会了如何管理大型工厂（Chandler, 1993）。这就是第二次工业革命。

举个例子，位于芝加哥郊区的美国西电公司霍森工厂雇用了多达 45, 000 名工人，生产的电话设备和各种各样的消费品的数量是前所未闻的。在这里休哈特意识到使用控制图能够控制生产过程（Shewhart, 1926）。控制图使检查的必要性降到最低，节省了时间和成本，还能提高质量。戴明和朱兰在 20 世纪 50 年代把这个方法引入到日本。戴明强调使用统计方法（Deming, 1931），朱兰则开发了以品质三部曲为特征的综合管理体系（Godfrey and Kenett, 2007）。和休哈特一样，他们都在 20 世纪 20 年代末为西电公司工作。

从数据分析的视角来看，人们的注意力从监管转移到了流程管理和理解变化上。因此，统计模型和概率发挥了重要的作用。

第三次工业革命：进入计算机时代

计算机从多个方面改变了制造业。我们从中选取 3 个方面来阐述。

第一，计算机使“大规模定制”成为可能（Davis, 1997）。大规模定制把大型连续生产系统的规模和作业车间的灵活性结合了起来，实现了单体规模为 1 的大批量作业。呼叫中心通过筛选将电话转接给相应专家就是一个很好的例子。

第二是后台功能自动化，比如库存管理和产品设计。以采用计算机辅助设计的汽车悬架系统开发为例。新的悬架必须在一系列指定道路条件下满足客户要求和测试要求。在提出了最初的设计概念后，设计工程师使用计算机模拟来展示新悬架设计在各种不同道路条件下的阻尼作用，然后基于这些结果的反馈不断改进设计。

第三是整合。在设计悬架系统的同时，采购专家和工业工程师也在确定和订购必要的原材料、建立生产流程以及使用计算机辅助制造工具来安排生产计划。然后，在整个生产过程中，测试提供了必要的生产控制。最后，计算机辅助制造把一切整合起来。当然，最终的目标是将交付给消费者的产品出现缺陷所造成的代价降到最低。计算机模拟要求新的试验设计，包括拉丁超立方体抽样和克里金模型。此外，优化统计设计试验方面的现代化进展引发了新的设计，能够更好地处理约束条件和开发出最优性能（Kenett and Zacks, 2014）。

第四次工业革命：工业 4.0 转型

我们现在正处于第四次工业革命的进程，由感应器和物联网设备的数据驱动，由不断发展的计算机能力提供动力。信息技术、远程通信以及制造业正融为一体，生产也日益自动化。未来主义者构想，未来的机器能够自行组织生产，自动组装运输链，未来的应用程序能够直接按照客户订单进行生产。

这对数据科学家有很多启发。根据互联网数据中心（IDC, 2008）的数据，顶级的分析技术包括：

- 自然语言生成、自然语言处理、文本挖掘
- 语音识别
- 虚拟代理
- 机器学习平台
- 人工智能优化的硬件
- 决策管理

我们要强调 3 个常见的工业 4.0 主题，这 3 个主题与数据科学家

尤为相关：数据质量（第 6 章），信息质量（第 13 章），以及快速提升分析成熟度的需求（第 16 章）。

总　结

我们正处于科技快速发展的时代，这已经是老生常谈了。甚至可以说，我们期待着变革的步伐加速。想一下第三次工业革命发展到第四次的速度比第二次发展到第三次快了多少！而且，这些发展不仅源于技术，还源于政府、战争和人民。不敢冒风险去发展的人们可能会失败。

因此，首席分析官实际的工作包括具备长远的眼光、了解历史背景以及着眼于未来。这就意味着要根据不同来源的证据确定长期发展趋势，并且用令人信服的方式把这种趋势讲述出来。这也意味着帮助公司做好准备。对那些受雇于高科技公司的首席分析官，这里有一个特别提醒。多年来，公司都将制造业外包，从而专注于设计。随着工业 4.0 的到来，这样可能是危险的，因为持续外包生产可能会威胁到公司在设计方面的优势。首席分析官需要仔细研究这个问题。

结　语

“统计学中许多精细的工作涉及少量的数学；一些糟糕的统计工作由于明显的数学内容而侥幸存在”（Cox 1981，p.295）。这种对统计工作的接地气描述很能说明问题，它来自 20 世纪一位非常重要的统计学家——大卫·考克斯，他的职业生涯始于英国利兹羊毛工业研究学会。他在这个工作环境中所获得的经验为其在统计方法论方面获得大量开创性成就奠定了基础。

我们的核心观点是，数据科学的实际工作是专注解决个人、公司和组织面临的重要问题，同时完全接受随之而来的复杂性、先入为主的观念、糟糕的数据、决策者的怪癖以及相关的政治。这些实际工作必须扎根于可靠的理论，否则解决措施不会持久。这种组合涉及不同的领域，一些是方法的，一些是技术的，一些是组织的，还有一些是个人的。本书的 18 章内容涵盖了非技术内容。对考克斯这句话的解释是：数据科学实际上的工作需要一种超越计算算法和机器学习技术的整体性方法。

另一位著名统计学家约翰·W. 图基（John W. Tukey）半个世纪前发起了号召，呼吁人们对统计学的未来进行一场严肃的探讨（Tukey, 1962）。那个未来已经来了，它叫作“数据科学”。

坚实的基础

统计学家们数十年来都在追求对数据集的合理理解。其中最核心的发现是抽样方法和充分性，它们为数据科学家处理超大数据集提供了技术基础。对各种主题（比如广义回归和收缩估计量）的研究为数据科学家提供了新的工具。

技术进步带来重大的游戏规则变化。附录 E 简要概览了最近的技术进展。这些方法利用日益增长且可获得的大数据，这些大数据具有大量变量和不同的数据结构。这些进步也引发了新的伦理问题，我们在附录 D 中进行了讨论。

回到我们的主题，当统计学家意识到数据分析涉及的范围远远超出了统计工具的数学属性时，突破出现了。引用约翰·图基的话：

> 一直以来我以为我是一名统计学者，喜欢从特殊到一般的推理。但是当我看到数学统计学的发展后，我产生了思考和怀疑……总之，我开始明白我的主要兴趣是数据分析，而这包含

了很多其他事情：分析数据的步骤、阐释这些步骤所得结果的技巧、规划数据收集方法以使分析更容易、追求更精确或更准确，还有所有用于分析数据的（数学）统计方法和设备。

五十多年过去了，这样的洞见依然令人惊艳。图基还说过：

> 数据分析是一个很难的领域。它必须适应人们运用数据的能力和对数据的需求。从某种意义上来说，生物学比物理学复杂，行为科学比这二者还要复杂，而数据分析的一般问题很可能比这三者都复杂。它太过复杂了，以至于无论是现在还是不久的将来，都难以从高度形式化的结构中获取对数据分析的有效指南。只有当二者之间保持足够的距离时，数据分析才能够从正式统计学中收获更多。（Tukey, 1962）

更久以前，20 世纪 30 年代早期，戴明为休哈特的著作《工业产品质量的经济控制》写了序言：

> 只有当他们预测到这种或那种变量增加或减少时会发生什么，对影响过程的变量进行测试才有用。书中讲授的统计理论是有效的，并且统计理论还为研究提供了可验证的测试和标准。但对于分析型问题则并非如此，因为下一次试验的实验条件不会与上一次重复。不幸的是，工业领域大部分问题都是分析

型的。（Deming, 1931）

数据科学最重要的部分就是分析（比如预测），也就是戴明所担忧的问题。

这些是本书内容赖以存在的基础。

通往未来的桥梁

我们的目标是帮助数据科学家应对个体和组织的复杂性。有经验的数据科学家能够发现这 18 章中的观点。我们不希望吓到新来者——但是要注意，仅有技术方面的知识还远远不够。

本书用简短的章节探讨了数据科学家在课堂上学不到的东西，但是统计界的大师们明白这些是至关重要的。当然，可靠的分析很重要，但这只是一方面，数据科学家还必须采取更加复杂的步骤来确保他们的分析得到应有的重视，从而产生良好的决策并产生结果。这个事情很混乱，我们引入了一些模型让一切变得简单一些。我们在第 1 章中提出了一个生命周期模型和组织生态系统，然后在后续章节中详细探讨了每个步骤。比如，敦促数据科学家花工夫理解他们所服务的行业以及他们面对的实际问题，积极主动地保证数据质量，同时考虑硬数据和软数据两个方面，并且以简单而有说服力的方式展示他们的研究结果。我们引入了实际统计效率作为数据科学家评估和改善其研究影响的方法。

我们仔细探究了什么是数据驱动（第 10 章）以及决策过程中如何处理偏见（第 11 章）。通过接受教育让同事和决策者们懂得更多，使他们成为更有知识、要求更高的数据科学用户（第 12 章、13 章）以及让首席分析官帮助高层领导理解数据领域的复杂性（第 14 章），我们强烈建议数据科学家采用上述方法来提高人们对数据科学的熟悉程度。我们认为首席分析官需要在组织中为数据科学找到恰当位置（第 15 章），并且我们也探讨了分析成熟程度阶梯（第 16 章），用这个方法来标记进展并不断改进。

所有这些都能够帮助数据科学家提高效率。

我们甚至更加期待那个并不遥远的未来了。数据和数据科学能够成为一种变革性的力量，让人们生活的各个方面都变得更好，不仅使我们所有人更加自由和安全，促进平等，还可以让人们以更低价格获得更好的医疗服务，最终实现经济增长和共同繁荣。但是如果认为仅靠数据科学就能让这些都实现，这种想法太过天真和草率了。数据和数据科学是完全未知的——数据不会在乎事实是否错了，算法也不在意它们是否侵犯了他人隐私或加剧了社会不公。是时候让数据科学家和首席分析官们开始他们真正的工作了。

附录 A　数据科学家的技能

这个列表建立在乔伊纳(Joiner,1985)、科耐特和曲勒戈(Kenett and Thyregod，2006）的相关研究上，将数据科学家的技能对应到第 1 章所介绍的生命周期中。

一般所需：

• 真诚地想要解决实际问题以及帮助他人做出明智的决策。

• 快速学会适应计算环境并学会应用程序。

• 做一个好的问题解决者。

• 承诺并在最后期限前完成任务。

• 发现并规避个人偏见。

• 发现伦理问题并有效处理（参见附录 D)。

• 必要时，有勇气以适当的方式表达不受欢迎的观点。

（1）问题引出：

• 帮助他人发现问题和机遇。

• 仔细倾听并进行试探性提问。

• 区分次要问题和重要问题。

（2）目标制定：

• 了解问题所处领域并用特定领域的语言来表达。

• 准确估计解决这个问题所需要的努力。

• 定期与决策者在他们熟悉的地方会面。

• 建立有效的关系网。

（3）数据收集：

• 参与，或者至少是观察数据收集工作。

（4）数据分析：

• 广泛了解并且真正理解科学方法。

• 调整现有的分析程序以适应不同的环境。

• 紧跟数据科学的发展。

• 用最简单适宜的分析程序来完成工作。

（5）阐述结果：

• 用决策者能理解的语言来解释结果。

• 与决策者一起工作以确保他们明白与结果有关的重要细节和不确定性。

（6）结果的可操作化：

• 支持重要决策在实践中施行。

（7）沟通结果：

• 用适合的方法向用户讲解。

• 学会说服他人相信一个可靠的解决方案是有效的，并确保采取了适当的行动。

• 灵活变通一些，知道什么时候该妥协、什么时候要坚定并且能解决与其他团队成员的矛盾。

• 有效的口头和书面交流。

（8）影响评估：

• 依据工作带来的影响对其作出评估。

• 从成功和失败中吸取教训。

附录 B　数据定义

有很多方法来给数据下定义。在这里我们使用的是最符合在组织中产生和利用数据的方法，并且在我们看来，这也是对数据科学最有用的方法（Redman, 2008）。因此，数据一词包含了数据模型和数据值。

数据模型是现实世界的抽象，它根据背景情况确定数据的全部含义，包括想要了解的事物［称之为“实体（entities）”］的规范，这些事物的重要属性（字段或属性），以及二者之间的关系。因此，你代表着读者，是一个实体，而你的老板感兴趣的是作为雇员的你，你的属性是你所属部门、薪水以及主管经理等。向……做报告是关系的一个例子。你不仅是雇员，还是纳税人、病人以及用户，这些都是税收部门、医疗供应商和科技公司基于自身利益而给你创造的属性。

正如第 1 章中所提到的那样，数据不仅仅是数字——数据既存在于某个数据模型的情境中，也存在于定义了该模型的组织的目的之中。模型也可以存在于其他情形下，包括谁基于什么原因创造了这个模型。对于数据科学家来说，将数据放到适当背景下进行分析是至关重要的。

如今，人们对非结构化数据很感兴趣，我们倾向于将其看作是还没有结构化的数据。

我们用元数据这个术语来描述那些能够使其他数据更易于使用的数据。数据模型、数据定义以及业务规则（约束数据值），这些都称得上元数据。值得一提的是，尽管定义上没有这么要求，但是经过计算化的数据通常更有用。我们也使用软数据这个术语来描述视觉、嗅觉、听觉、印象、感觉、对话以及非结构化数据等，这些不一定是硬数据，但是与分析和决策相关。当嗅觉能够用电子化的东西精确测量时，它就变成了硬数据。当使用文本分析对推特这样的社交媒体进行倾向性分析时，它会从软数据变成硬数据。

也有很多方法用来定义信息。我们发现最有效定义信息的方式不是它是什么而是它能做什么。为了说明这一点，假设你正在用一个骰子玩碰运气游戏。你赌了 1 美元，并且从 1~6 中选了一个数字。然后“庄家”开始掷骰子，你要么输掉赌注，要么赢到 6 美元。你没有机会看到它翻滚。假设游戏是公平的，你赢的概率大概是 1/6。现在，考虑关于下一次掷骰子的“信息”：

• 场景 a：有人告诉你，这个骰子装好了，下一次的点数将会是奇数。你就会选 1，3 或 5，那么你赢的概率就是 1/3。此时，你获得了正确的信息。

• 场景 b：有人告诉你，这个骰子装好了，并且会掷到奇数，但是实际结果是偶数。此时，你得到了错误的信息。

• 场景 c：有人告诉你，游戏是转轮盘而不是掷骰子，你赢的概率会大大降低，但是你对游戏的理解会更加实际。你肯定会想撤回赌注。此时，你获得了正确的信息。

• 场景 d：有人告诉你骰子是红色的。这根本没什么影响。你既没有获得正确信息也没有获得错误信息。

你是通过信息来了解整个世界的。有时信息能够减少你对未来的不确定感，有时信息能开阔你的视角。将信息定位为对不确定性的减少是有着悠久历史的，比如上述示例中的场景。贝尔实验室的克劳德·香农（Claude Shannon，1948）首次引入了通信的概念，并基于不确定性降低的程度，开发了衡量信息量的方法。贝叶斯学派的统计学家也使用这个概念。

有两个细节非常重要。第一，信息确实源自数据，但是它也可以从其他地方获得。火车站的汽笛声提醒人们远离急驶而来的火车，这毫无疑问是信息。它可以算是软数据，但很难算数据。第二，信息是非常个性化的。比如，站在你旁边的人看到了火车驶近，就会觉得哨声是噪声而不是信息。

附录 C　一些有助于评估数据科学结果的问题

科耐特和史姆丽（Kentte and Shmueli，2014）将信息质量（InfoQ）界定为基于分析目标对特定的数据集进行特定分析所获得的效用。信息质量是由第 13 章中讨论的 8 个维度决定的。下列清单列举了一些问题，能够帮助评估一份具体报告中的这 8 个维度（Kenett and Shmueli, 2016a）。

表附录 C–1　数据质量评估的 8 个维度及相应问题列表

维度	问题
1. 数据解析	1.1 数据规模和预期目标相匹配吗? 1.2 测算设备或者数据来源的可靠度和精确度如何? 1.3 数据分析适合于数据聚集水平吗?
2. 数据结构	2.1 这类数据的使用与预期目标相匹配吗? 2.2 数据可靠性的细节(损坏/缺失值)是否得到适当的描述和处理? 2.3 分析方法是否适合于数据结构?
3. 数据集成	3.1 来源众多的数据是否恰当地集成在一起? 如果是的话，每种来源的可靠性程度如何? 3.2 集成工作是如何完成的? 存在导致关键信息缺失的连接问题吗? 3.3 数据集成是否根据预期目标来赋值? 3.4 数据集成是否造成了任何隐私或者保密性问题?

（续表）

维度	问题
4. 时间相关性	4.1 数据收集、数据分析以及安排对时间敏感吗? 4.2 数据收集和数据分析之间的时间间隔会造成影响吗? 4.3 数据收集和分析与模型（比如政策建议）的预期用途之间的时间间隔会造成影响吗?
5. 普遍性	5.1 预期目标在统计学或者科学上具有普遍性吗? 5.2 如果基于统计的普遍性进行推理，对“样本所代表的群体是什么”这个问题有清晰的答案吗? 5.3 考虑预期目标下（预测新观察值；预测未来值）的普遍性，结果是否可推广至将要预测的数据中? 5.4 最终报告是否详细到能满足再现性和/或重复性和/或替代性的需要?
6. 数据和目标的演化	6.1 如果预期目标是可预测的，那么所有的预测变量在实际预测时都可以获得吗? 6.2 如果预期目标具有因果关系，那么因果变量是否先于影响? 6.3 在一个因果研究中，存在内生问题（互为因果）吗?
7. 可操作化	7.1 被测变量是否与研究目标相关? 还是测重研究它们背后的潜在结构（关系）? 7.2 选择变量的理由是什么? 7.3 谁会受到影响（积极影响或者消极影响）? 7.4 受影响方会做什么?
8. 交流	8.1 对目标、数据和分析的描述是否清晰? 8.2 描述的水平是否适合决策者? 8.3 有模糊的细节或者描述让人感到困惑或者无法理解吗?

附录D　伦理学问题和当今的数据科学家

对数据科学家来说，隐私和伦理问题是他们一直以来的担忧，随着可用数据的宽度和深度日益增加，这些担忧上升到了一个新的高度。对于行为大数据（BBD）来说尤为严峻，它收集人类社会行为和互动的范围，其广度和详细程度日益增长。这种担忧包括：

（1）数据收集可能会改变受试者的行为。

（2）研究设计和分析会伤害受试者并以无形的方式将他们置于风险之中。

（3）研究设计因自由意志而变得复杂。

（4）随着时间推移，数据属性会随着日益变化的调查或测试方法而改变。

为自动驾驶车辆开发数据分析应用程序就是一个很好的例子。在使用实时数据收集方法和模式识别算法去设计避免碰撞的软件时，数据科学家可能会面临具有伦理影响的两难选择。面对一场无可避免的车祸时，车辆应该撞向右边快速跑的孩子还是左边步履蹒跚的老人？没有其他选择，两个选择都很糟糕。这些问题靠临床研究中强制设置的内部审查委员会是解决不了的。有关这些问题更广泛地讨论，请参见史姆丽（Shmueli，2017）的文章。

如今，数据科学家在人们对于隐私和数据保护日益增长的担忧中处于前沿和中心位置。“隐私”是一个难以把握的概念，在国家间、代际以及个体上差异很大。最基本的，关于隐私的观念是每个人都应该对有关他们自己的数据如何使用有发言权。例如，某些个体或许会鼓励营销人员根据他或她的搜索历史推送个性化的广告，但是不希望政党做同样的事。2008 年脸书和剑桥分析公司的丑闻增加了这方面讨论的紧迫性和政治性。

包括欧盟的《通用数据保护条例》和美国不断更新的受试者保护通则(被称为“最终规则”)在内的新规则影响了人们对数据的使用。这两份法规都与保护个人决定自己的私人信息如何使用的权利有关，也都影响着数据收集，数据获取以及同一国家 / 地区内、行业间的数据传输。《通用数据保护条例》和“最终规则”都试图使如今的“私人数据”和数据主体的权利现代化，并且使它们与“国家之间的信息自由流动”处于一种平衡状态。在医疗管理系统和社交网络等领域里，这些规则已经对数据科学家的工作产生了重大影响（Shmueli, 2018)，并且这些影响未来只增不减。事后才知道如何遵守这样的规则显然并不是一个好主意。

数据科学能够产生重大影响的另一个领域是政治竞选。选举调查不仅仅是提供信息，也会影响选民的选择以及选民是否投票。在这样或那样的背景下，具有打击假新闻的能力是数据科学家需要面对的现实。更多有关选举调查的内容，参见科耐特等人的文章（Kenett et al. 2018）。

而且，正如我们第 6 章中所描述的那样，数据科学家必须担忧的是他们所分析的数据是否可信。数据获取受到控制、数据匿名性以及为保护隐私而采取的隐私保存和共享措施，这些加剧了上述担忧。因此，对于被认为是隐私的数据来说，数据科学家考虑可信度和质量问题时或许会面临更多的复杂性。

那么，数据科学家、首席分析官以及聘用他们的组织应该怎么做呢？至少，他们需要知道和遵守所有相关的法律。而且，我们认为他们应该做得更多。大约一代人以前，有的未来主义者(姓名未知)就表示“将来隐私之于信息时代就像产品安全之于工业时代一样。”在那种情况下，大多数社会都选择在更大程度上保护消费者。因此，我们认为数据科学家应该努力以合乎伦理规范的行为来开展工作，即使这意味着有时候会无法说清楚某些事。

我们有 3 个参考源。第一，桑热（Singer，2018）认为顶尖大学的课程要教育学生考虑伦理问题。康奈尔大学引进了一门数据科学课程，在这门课中学生要学习如何处理伦理问题，比如存在偏差的数据组，其中低收入家庭占比很小，无法代表普遍总体。学生们也在尝试讨论使用算法来帮助人们做有关人生的决策，比如雇佣和大学录取。

第二，美国统计协会（ASA, 2016）职业道德委员会制定了一系列通俗易懂的统计工作伦理指南。该指南指出了六类利益相关者，并列举了统计学家的伦理责任。这些指南涵盖范围广泛并且也可用于数据科学。

第三，奥基夫和奥布伦（O' Keefe and O' Brien，2018）提出了一个更全面的观点，该观点不仅可以为数据科学家所用，还可以为所有从事数据相关工作的专业人士所用，包括接触数据的人和高级管理人员。这是一个很好的开端。

附录 E 近年来数据科学领域取得的技术进步

在本书中，我们始终认为数据科学家要做的事远不止技术工作。而且，我们认为，至关重要的一点是，数据科学是建立在坚实的理论基础和技术基础之上的。所以，尽管对数据科学进行全面回顾超出了我们的范围，但我们还是要对数据科学进行一些技术方面的评论。

费希尔（Fisher，1922）奠定了统计学的学科基础。他认为使用统计方法的目标是将数据简化成基本的统计，并指出这么做会出现的 3 个问题：

（1）规范——为某个群体选择恰当的数学模型；

（2）估计——从某个样本中估计出假设总体参数的方法；

（3）分布——从样本中得到统计数据的特性。

自此之后，其他的著作（有些人的观点本书已经引用过）大都以此为基础。尤为重要的是，图基（Tukey，1962）认为统计学的发展要以数据为中心。胡贝尔（Huber，2011）和多诺霍（Donoho，

2017）在庆祝图基论文发表五十周年的时候，发表了《统计学的作用和数据科学参考》。数据科学把领域知识、计算机科学 / 互联网技术和统计学结合起来，并在此基础上进一步发展，而如今的数据科学家掌握着多种强大的方法，比如回归、方差分析、可视化、贝叶斯方法、统计控制、神经网络（比如机器学习）、自举算法和交叉验证、聚类分析、文本分析、回归分析、结构方程模型、时间序列分析、决策树、关联规则等等，可以由他们任意使用。

我们希望数据科学能够持续发展，用越来越好的方法来分析数据、提取重要信息、解释、呈现和概括结果，并做出有效的推断。而这些又需要更好的技术手段来获取数据、操纵数据、存储数据、搜集数据以及对数据进行整理。

尤为重要的是人工智能技术、机器学习以及深度学习的持续发展。20 世纪 80 年代首次引进的神经网络居于核心地位。这些高度参数化的模型和算法是在人脑结构的启发下建立的，当接受了足够多高质量数据的训练后，它们能够开发出非常有用的预测模型。

我们也为近期统计学习领域的技术进步大受鼓励。自动化大规模测量能力的逐渐提升促进了该领域的发展，产生了许多“广泛数据集”。尽管存在大量数据，但是自变量的数量还是远超观测数量。比如文本分析中，一个文档是由字典中的字词数量来表示的。这就导致一个文档的词汇矩阵有 20, 000 栏，每栏对应词汇表中的一个单独词语。一行呈现一份文档，每个单元格内容是某个词语在文档中出现的次数。大部分数据为零。

在很多研究中，数据科学家拥有数百个自变量，这些自变量可作为回归模型的预测因子。很可能其中一组独立变量就能很好地进行预测，反而用上所有的独立变量会削弱这个模型的作用。因此，找到一组合适的自变量非常重要。埃弗龙（Efron）、弗里德曼（Friedman）、黑斯蒂（Hastie）、蒂施莱尼（Tibshirani）等人推动了统计学习的发展，使得解决这样的数据集问题成为可能。埃弗龙和黑斯蒂（Efron and Hastie，2016）从过去、现在和未来的角度很好地阐释了信息时代的统计推理。统计学习展示了计算机密集型数据分析算法目前在数据科学家工作中的广泛应用。对部分具体方法的简单描述如下：

第一种是套锁算法（LASSO）。这是一种以回归为基础的方法，可以执行变量选择和正则化操作，以提高统计模型的预测准确度和可解读性。其他基于决策树的方法有随机森林（random forests）和增强（boosting）。决策树创造的模型能够基于一些输入变量预测目标变量的值。决策树是根据某个输入变量将数据分为一些子集来进行“学习”的。在每个派生子集上以“递归划分”的递归方式重复此操作。当某个节点的子集具有目标变量的所有相同值，或者拆分的子集不再为预测增加值的时候，递归完成。随机森林的方法中，一个节点可以根据随机的训练数据生长出许多决策树，并且对它们进行平均。在增强方法中，一个节点重复产生决策树并且构建一个包含很多决策树的附加模型。更多内容参见黑斯蒂等（Hastie et al. 2009）和詹姆斯等（James et al. 2013）的文章。

显然，随着数据科学家不断学习并充分利用新的统计方法，我们在第 2 章中讨论过的卓越的数据科学家必将拥有令人心潮澎湃的发展前景。

参考文献

Aigner, M. and Ziegler, G. (2000). *Proofs from the Book*, third edition, Springer-Verlag Berlin Heidelberg, Germany.

American Statistical Association (ASA). (2016). Ethical guidelines for statistical practice. http://www.amstat.org/ASA/Your-Career/Ethical-Guidelines-for-Statistical-Practice.aspx.

Baggaley, K. (2017). Your memories are less accurate than you think. https://www.popsci.com/accurate-memories-from-eyewitnesses.

Bapna, R., Jank, W., and Shmueli, G. (2008). Consumer surplus in online auctions. *Information Systems Research* 19: 400–416.

Barkai, J. (2018). Predictive maintenance: myths, promises, and reality. http://joebarkai.com/predictive-maintenance-myths-promises-and-reality.

Barrett, L. (2003). Hospital revives its dead patients. *Baseline*. http://www.baselinemag.com/c/a/Projects-Networks-and-Storage/Hospital-Revives-Its-QTEDeadQTE-Patients. February 10.

BBC Scotland. (2017). Voice recognition lift. https://www.youtube.com/watch?v=J3lYLphzAnw.

Bernard, T.S. (2011). Are serious errors lurking in your credit report? *New York Times*. https://bucks.blogs.nytimes.com/2011/06/07/are-serious-errors-lurking-in-your-credit-report. June 7.

Box, G.E.P. (1980). Beer and statistics Monday night seminar (reported from memory by first author).

Box, G.E.P. (1997). Scientific method: the generation of knowledge and quality. *Quality Progress* 30: 47–50.

Box, G.E.P. (2001). An interview with the International Journal of Forecasting. *International Journal of Forecasting* 17: 1–9.

Breiman, L. (2001). Statistical modeling: the two cultures. *Statistical Science* 16(3): 199–231.

Camoes, J. (2017). 12 ideas to become a competent data visualization thinker. https://excelcharts.com/12-ideas-become-competent-data-visualization-thinker.

Carr, N. (2003). IT doesn't matter. *Harvard Business Review*, May, pp. 41–49.

Chandler, A. (1993). *The Visible Hand: The Managerial Revolution in American Business*. Belknap Press.

Cobb, G.W. and Moore, D.S. (1997). Mathematics, statistics, and teaching. *American Mathematical Monthly* 104: 801–823.

Coleman, S. and Kenett, R.S. (2017). The information quality framework for evaluating data science programs. In: *Encyclopedia with Semantic Computing and Robotic Intelligence* (ed. P. Sheu), 125–138. World Scientific Press.

The Real Work of Data Science: Turning Data into Information, Better Decisions, and Stronger Organizations, First Edition. Ron S. Kenett and Thomas C. Redman.

Companion website: www.wiley.com/go/kenett-redman/datascience

Cox, D.R. (1981). Theory and general principle in statistics. *Journal of the Royal Statistical Society, Series A* 144(2): 289–297.

Data Science Association. (2018). Code of conduct. http://www.datascienceassn.org/code-of-conduct.html.

Davenport, R.H. and Patil, D.J. (2012). Data scientist: the sexiest job of the 21st century. Harvard Business Review. https://hbr.org/2012/10/data-scientist-the-sexiest-job-of-the-21st-century.

Davis, S. (1997). *Future Perfect*. Basic Books.

De Veaux, R., Agarwal, M., Averett, M. et al. (2017). Curriculum guidelines for undergraduate programs in data science. *Annual Review of Statistics and Its Applications* 4: 15–30. https://www.annualreviews.org/doi/abs/10.1146/annurev-statistics-060116-053930.

Deming, W.E. (1931). Dedication to The Economic Control of Quality of Manufactured Product by W. Shewhart, pp. i–iii. D. Van Nostrand Company, Inc.

Deming, W.E. (1982). *Quality, Productivity and the Competitive Position*. Cambridge, MA: MIT, Center for Advanced Engineering Study.

Deming, W.E. (1986). *Out of the Crisis*. Cambridge, MA: MIT Press.

Demurkian, H. and Dai, B. (2014). Why so many analytics' projects still fail. *Analytics*. http://analytics-magazine.org/the-data-economy-why-do-so-many-analytics-projects-fail. July/August.

Donoho, D. (2017). 50 years of data science. *Journal of Computational and Graphical Statistics* 26(4): 745–766.

Doumont, J.L. (2013). Creating effective slides: design, construction, and use in science. https://www.youtube.com/watch?v=meBXuTIPJQk.

Duhigg, C. (2012). How companies learn your secrets. *New York Times Magazine*. https://www.nytimes.com/2012/02/19/magazine/shopping-habits.html?pagewanted=all&_r=0. February 16.

Economist. (2017). Data is giving rise to a new economy. May 6.

Efron, B. and Hastie, T. (2016). *Computer Age Statistical Inference: Algorithms, Evidence and Data Science*. Cambridge University Press.

Einstein, A. n.d. Quote from http://www.azquotes.com/quote/811850.

Fienberg, S. (1979). Graphical methods in statistics. *American Statistician* 33(4): 165–178.

Fisher, R.A. (1922). On the mathematical foundations of theoretical statistics. *Philosophical Transactions of the Royal Society, Series A* 222: 309–368.

Godfrey, B. and Kenett, R.S. (2007). Joseph M. Juran, a perspective on past contributions and future impact. *Quality and Reliability Engineering International* 23: 653–663.

Greene, R. and Elffers, J. (1998). *The 48 Laws of Power*. Viking Penguin.

Hahn, G. (2003). The embedded statistician. Youden address. http://rube.asq.org/statistics/design-of-experiments/the-embedded-statistician.pdf.

Hahn, G.J. (2007). The business and industrial statistician: past, present and future. *Quality and Reliability Engineering International* 23: 643–650.

Hahn, G.J. and Doganaksoy, N. (2011). *A Career in Statistics: Beyond the Numbers*. Wiley.

Hartman, E., Grieve, R., Ramsahai, R. et al. (2015). From SATE to PATT: combining experimental with observational studies to estimate population treatment effects. *Journal of the Royal Statistical Society, Series A* 178: 757–778.

Harvard Business Review. (2013). Data and organizational issues reduce confidence. http://go.qlik.com/rs/qliktech/images/HBR_Report_Data_Confidence.PDF?sourceID1=mkto-2014-H1.

Harvard Business Review (2018). *HBR Guide to Data Analytics Basics for Managers*. Harvard Business Review Publishing.

Hastie, T., Tibshirani, R., and Friedman, J. (2009). *The Elements of Statistical Learning: Data Mining, Inference, and Prediction*, 2e. Springer.

Henke, N., Bughnn, J., Chui, M. et al. (2016). *The Age of Analytics: Competing in a Data Driven World*. McKinsey.

Huber, P. (2011). *Data Analysis: What Can Be Learned from the Past 50 Years*. Wiley.

Hunter, W.G. (1979). Private communication to first author, Madison, WI.

IDC. (2018). www.idc.com.

James, G., Witten, D., Hastie, T. et al. (2013). *An Introduction to Statistical Learning: With Applications in R*. Springer.

Joiner, B.L. (1985). The key role of statisticians in the transformation of North American industry. *American Statistician* 39(3): 233–234.

Joiner, B.L. (1994). *Fourth Generation Management: The New Business Consciousness*. New York: McGraw Hill.

Joint Commission International (2018). JCI accreditation standards for hospitals, 6e. https://www.jointcommissioninternational.org/jci-accreditation-standards-for-hospitals-6th-edition.

Juran, J.M. (1988). *Juran on Planning for Quality*. New York: Free Press.

Kaggle. (2017). The state of data science and machine learning. https://www.kaggle.com/surveys/2017.

Kahneman, D., Lovallo, D., and Sibony, O. (2011). The big idea: before you make that big decision. *Harvard Business Review*, February, pp. 50–60.

Kaplan, R. and Norton, D. (1996). Using the balanced scorecard as a strategic management system. *Harvard Business Review*, January–February, pp. 75–85.

Katkar, R. and Reiley, D.H. (2006). Public versus secret reserve prices in eBay auctions: results from a Pokémon field experiment. *Advances in Economic Analysis and Policy* 6(2): Article 7.

Kenett, R.S. (2008). From data to information to knowledge. *Six Sigma Forum Magazine*, November, pp. 32–33.

Kenett, R.S. (2015). Statistics: a life cycle view (with discussion). *Quality Engineering* 27(1): 111–129.

Kenett, R.S. (2017). The Information Quality Framework for Evaluating Manufacturing 4.0 Analytics Distinguished Lecture. TUE Data Science Center Eindhoven. https://assets.tue.nl/fileadmin/content/faculteiten/win/DSCE/Research/5Lecture_series/20170601_DSCe_Lecture_Ron_Kenett.pdf. June 1.

Kenett, R.S. and Baker, E. (2010). *Process Improvement and CMMI for Systems and Software: Planning, Implementation, and Management*. Taylor and Francis, Auerbach Publications.

Kenett, R.S., Coleman, S.Y., and Stewardson, D. (2003). Statistical efficiency: the practical perspective. *Quality and Reliability Engineering International* 19: 265–272.

Kenett, R.S., de Frenne, A., and Tort-Martotell, X. (2008). The statistical efficiency conjecture. In: *Statistical Practice in Business and Industry* (ed. S. Coleman, T. Greenfield, D. Stewardson, et al.), 61–95. Wiley.

Kenett, R.S., Pfeffermann, D., and Steinberg, D.M. (2018). Election polls – a survey, critique and proposals. *Annual Review of Statistics and Its Application* 5: 1–24. http://www.annualreviews.org/doi/abs/10.1146/annurev-statistics-031017-100204.

Kenett, R.S. and Raanan, Y. (2011). *Operational Risk Management: A Practical Approach to Intelligent Data Analysis*. Chichester, UK: Wiley.

Kenett, R.S. and Salini, S. (2011). *Modern Analysis of Customer Surveys with Applications Using R*. Wiley.

Kenett, R.S. and Shmueli, G. (2014). On information quality (with discussion).

Kenett, R.S. and Shmueli, G. (2016a). *Information Quality: The Potential of Data and Analytics to Generate Knowledge*. Wiley.

Kenett, R.S. and Shmueli, G. (2016b). Helping authors and reviewers ask the right questions: the InfoQ framework for reviewing applied research. *Statistical Journal of the International Association for Official Statistics (IAOS)* 32: 11–19.

Kenett, R.S. and Thyregod, P. (2006). Aspects of statistical consulting not taught by academia. *Statistica Neerlandica* 60(3): 396–412.

Kenett, R.S., Zacks, S., and contributions by Amberti, D. (2014). *Modern Industrial Statistics: With Applications in R, MINITAB and JMP*, 2e. Wiley.

Kohavi, R. and Thomke, S. (2017). The surprising power of online experiments. *Harvard Business Review*. https://hbr.org/2017/09/the-surprising-power-of-online-experiments. September–October.

Laney, D. (2017). *Infonomics: How to Monetize, Manage, and Measure Information as an Asset for Competitive Advantage*. Routledge.

Lavy, V. (2010). Effects of free choice among public schools. *Review of Economic Studies* 77(3): 1164–1191. https://academic.oup.com/restud/article-abstract/77/3/1164/1570661.

Lewis, M. (2017). *The Undoing Project: A Friendship That Changed Our Minds*. W.W. Norton.

Loftus, E.F. (2013). Eyewitness testimony in the Lockerbie bombing case. *Memory* 21: 584–590.

Lohr, S. (2018). Facial recognition is accurate, if you're a white guy. *New York Times*. https://www.nytimes.com/2018/02/09/technology/facial-recognition-race-artificial-intelligence.html. February 9.

Masic, I., Miokvic, M., and Muhamedagic, B. (2008). Evidence based medicine – new approaches and challenges. *Journal of Academy of Medical Sciences of Bosnia and Herzegovina* 16(4): 219–225. https://www.ncbi.nlm.nih.gov/pmc/articles/PMC3789163.

McAfee, A. and Brynjolffson, E. (2012). Big data: the management revolution. *Harvard Business Review*. https://hbr.org/2012/10/big-data-the-management-revolution. October.

McGarvie, M. and McElheran, K. (2018). Pitfalls of data-driven decisions. In: *HBR Guide to Data Analytics Basics for Managers*, 155–164. Harvard Business Review Press.

Nagle, T., Redman, T., and Sammon, D. (2017). Only 3% of companies' data meets basic quality standards. *Harvard Business Review*. https://hbr.org/2017/09/only-3-of-companies-data-meets-basic-quality-standards.

O'Keefe, K. and O'Brien, D. (2018). *Ethical Data and Information Management Concepts, Tools and Methods*. Kogan Page.

O'Neil, C. (2016). *Weapons of Math Destruction: How Big Data Increases Inequality and Threatens Democracy*. Crown.

Pearl, J. and Bareinboim, E. (2011). Transportability across studies: a formal approach. Technical Report R-372, Cognitive Systems Laboratory, Dept. Computer Science, Univerisity of California, Los Angeles.

Pearl, J. and Bareinboim, E. (2014). External validity: from do-calculus to transportability across populations. *Statistical Science* 29(4): 579–595.

Pirelli. (2016). How Pirelli is becoming data driven. https://www.pirelli.com/global/en-ww/life/how-pirelli-is-becoming-data-driven. March 23.

Pollack, A. (1999). Two teams, two measures equaled one lost spacecraft. *New York Times*. https://archive.nytimes.com/www.nytimes.com/library/national/science/100199sci-nasa-mars.html?scp=2. October 1.

Rao, C.R. (1985). Weighted distributions arising out of methods of ascertainment: what population does a sample represent? In: *A Celebration of Statistics: The ISI Centenary Volume* (ed. A.C. Atkinson and S.E. Fienberg), 543–569. New York: Springer.

Rasch, G. (1977). On specific objectivity: an attempt at formalizing the request for generality and validity of scientific statements. *Danish Yearbook of Philosophy* 14: 58–93.

Redman, T. (2008). *Data Driven: Profiting from Your Most Important Business Asset*. Harvard Business Review Press.

Redman, T. (2013a). What separates a good data scientist from a great one. *Harvard Business Review*. http://blogs.hbr.org/2013/01/the-great-data-scientist-in-fo. January 28.

Redman, T. (2013b). Are you data-driven? Take a hard look in the mirror. *Harvard Business Review*. http://blogs.hbr.org/2013/07/are-you-data-driven-take-a-har. July 11.

Redman, T. (2013c). Become more data-driven by breaking these bad habits. *Harvard Business Review*. http://blogs.hbr.org/2013/08/becoming-data-driven-breaking. August 12.

Redman, T. (2013d). Are you ready for a chief data officer? *Harvard Business Review*. https://hbr.org/2013/10/are-you-ready-for-a-chief-data-officer. October 30.

Redman, T. (2013e). How to start thinking like a data scientist. *Harvard Business Review*. https://hbr.org/2013/11/how-to-start-thinking-like-a-data-scientist. November 29.

Redman, T. (2014). Data doesn't speak for itself. *Harvard Business Review*. https://hbr.org/2014/04/data-doesnt-speak-for-itself. April 29.

Redman, T. (2015). Can your data be trusted? *Harvard Business Review*. https://hbr.org/2015/10/can-your-data-be-trusted. October 29.

Redman, T. (2016). *Getting in Front on Data: Who Does What*. Technics.

Redman, T. (2017a). The best data scientists get out and talk to people. *Harvard Business Review*. https://hbr.org/2017/01/the-best-data-scientists-get-out-and-talk-to-people. January 26.

Redman, T. (2017b). Root out bias from your decision-making process. *Harvard Business Review*. https://hbr.org/2017/03/root-out-bias-from-your-decision-making-process. March 17.

Redman, T. (2017c). Seizing opportunity in data quality. MIT Sloan Management Review. https://sloanreview.mit.edu/article/seizing-opportunity-in-data-quality. November 29.

Redman, T. (2018a). Are you setting your data scientists up to fail? *Harvard Business Review*. https://hbr.org/2018/01/are-you-setting-your-data-scientists-up-to-fail. January 25.

Redman, T. (2018b). If your data is bad, your machine learning tools are useless. *Harvard Business Review*. https://hbr.org/2018/04/if-your-data-is-bad-your-machine-learning-tools-are-useless. April 2.

Redman, T. and Sweeney, W. (2013a). To work with data, you need a lab and a factory. *Harvard Business Review*. https://hbr.org/2013/04/two-departments-for-data-succe. April 24.

Redman, T. and Sweeney, W. (2013b). Seven questions to ask your data geeks. *Harvard Business Review*. https://hbr.org/2013/06/seven-questions-to-ask-your-da. June 10.

Rosling, H. (2007). The best stats you've ever seen. https://www.youtube.com/watch?v=hVimVzgtD6w&t=43s.

Ross, C. (2017). IBM pitched its Watson supercomputer as a revolution in cancer care. It's nowhere close. https://www.statnews.com/2017/09/05/watson-ibm-cancer. September 5.

Rubin, D. (1987). *Multiple Imputation for Nonresponse in Surveys*. New York: Wiley.

Schmarzo, B. (2017). Unintended consequences of the wrong measures. https://www.datasciencecentral.com/profiles/blogs/unintended-consequences-of-the-wrong-measures?_ga=2.21159096.226186582.1522766955-1679466071.1522672939. October 19.

Senge, P. (1990). *The Fifth Discipline: The Art and Practice of the Learning Organization*. New York: Doubleday.

Shannon, C. (1948). A mathematical theory of communication. *Bell System Technical Journal* 27: 379–423 and 623–656.

Shewhart, W.A. (1926). Quality control charts. *Bell System Technical Journal* 5: 593–603.

Shmueli, G. (2010). To explain or to predict? *Statistical Science* 25(3): 289–310.

Shmueli, G. (2017). Analyzing behavioral big data: methodological, practical, ethical, and moral issues. *Quality Engineering* 29(1): 57–74.

Shmueli, G. (2018). Data ethics regulation: two key updates in 2018. http://www.bzst.com/2018/02/data-ethics-regulation-two-key-updates.html.

Silver, N. (2012). *The Signal and the Noise: Why So Many Predictions Fail*. Penguin Press.

Simon, D. (2010). Selective attention test. https://www.youtube.com/watch?v=vJG698U2Mvo.

Singer, M. (2018). Tech's ethical "dark side": Harvard, Stanford and others want to address it. *New York Times*. https://www.nytimes.com/2018/02/12/business/computer-science-ethics-courses.html. February 12.

Srivastiva, D., Caannapieco, M., and Redman, T. (2019). Ensuring high-quality private data for responsible data science: vision and challenges. *Journal of Data and Information Quality*. Accepted for publication.

Surveytown. (2016). 10 examples of biased survey questions. https://surveytown.com/10-examples-of-biased-survey-questions. April 12.

Taguchi, G. (1987). *Systems of Experimental Design*, vol. 1–2 (ed. D. Clausing). New York: UNIPUB/Kraus International Publications.

Tashea, J. (2017). Courts are using AI to sentence criminals. That must stop now. *Wired*. https://www.wired.com/2017/04/courts-using-ai-sentence-criminals-must-stop-now. April 17.

Tufte, E.R. (1997). *Visual Explanations: Images and Quantities, Evidence and Narrative*. Cheshire, CT: Graphics Press.

Tukey, J.W. (1962). The future of data analysis. *Annals of Mathematical Statistics* 33: 1–67.

Tversky, A. and Kahneman, D. (1981). The framing of decisions and the psychology of choice. *Science* 211(4481): 453–458.

van Buuren, S. (2012). *Flexible Imputation of Missing Data*. Chapman & Hall/CRC.

Wang, S., Jank, W., and Shmueli, G. (2008). Explaining and forecasting online auction prices and their dynamics using functional data analysis. *Journal of Business Economics and Statistics* 26: 144–160.

Wikipedia. (2018a). Imputation (statistics). https://en.wikipedia.org/wiki/Imputation_(statistics).

Wikipedia. (2018b). Response bias. https://en.wikipedia.org/wiki/Response_bias.

Wikipedia. (2018c). Truthiness. https://en.wikipedia.org/wiki/Truthiness.

Wilder-James, E. (2016). Breaking down data silos. *Harvard Business Review*. https://hbr.org/2016/12/breaking-down-data-silos. December 5.

Zhang, M.X., Van Den Brakel, J., Honchar, O. et al. (2018). Using state space models for measuring statistical impacts of survey redesigns. Australian Bureau of Statistics Research Paper. 1351.0.55.160. www.abs.gov.au/ausstats/abs@.nsf/mf/1351.0.55.160?OpenDocument.

有用的链接列表

Videos, Blogs, and Presentations

1. Information quality in the golden age of analytics. JMP analytically speaking series. Interview (https://www.jmp.com/en_us/events/ondemand/analytically-speaking/quality-assurance-in-the-golden-age-of-analytics.html) and blog post (https://community.jmp.com/t5/JMP-blog-authoring/Information-quality-in-the-golden-age-of-analytics/ba-p/66903).
2. From quality by design (QbD) to information quality (InfoQ): a journey through science and business analytics. Plenary talk at JMP Summit Prague. Starts at 5:20 (https://community.jmp.com/t5/Discovery-Summit-Europe-2017/Plenary-Session-From-Quality-by-Design-to-Information-Quality-A/ta-p/37537).
3. The Real Work of Data Science: How to Turn Data into Information, Better Decisions, and Stronger Organizations, The ENBIS2018 Box Medal Lecture. https://videos.univ-lorraine.fr/index.php?act=view&id=6456&fbclid=IwAR3ZnR-
4. The SPCLive system for statistical process control in assembly production. https://www.youtube.com/watch?v=E7W99sCYYos. See also https://vimeo.com/285180512.
5. A life cycle view of statistics. JSM18 panel. https://blogisbis.wordpress.com/2018/08/21/panel-discussion-on-a-life-cycle-view-of-statistics-at-the-jsm-2018.
6. What does big data mean for business? https://www.youtube.com/watch?v=qEm1ngJDOlE&t=221s.
7. Two moments that matter in data. https://www.youtube.com/watch?v=dBpHHAG_d9E.
8. If your data is bad, your machine learning tools are useless. Video #1 (https://www.youtube.com/watch?v=efRKika4SOE&t=10s), video #2 (https://www.youtube.com/watch?v=woaL40K6xyA), video #3 (https://www.youtube.com/watch?v=rnjmlc4MekI&t=23s), video #4 (https://www.youtube.com/watch?v=HS8SHzo9Vvk), video #5 (https://www.youtube.com/watch?v=AGSpsZDgzRE&t=9s), video #6 (https://www.youtube.com/watch?v=CdlM1QQGVXg&t=83s), video #7 (https://www.youtube.com/watch?v=iXw6f_mfyCo&t=1s).

The Real Work of Data Science: Turning Data into Information, Better Decisions, and Stronger Organizations, First Edition. Ron S. Kenett and Thomas C. Redman.

Companion website: www.wiley.com/go/kenett-redman/datascience

9. The Friday afternoon measurement for data quality. https://www.youtube.com/watch?v=X8iacfMX1nw&t=22s.
10. Will bad data make bad robots? https://www.youtube.com/watch?v=JgReisW0hBw.
11. An outlook on data science. https://mathesia.com/home/Mathesia_Outlook_2019.pdf.

Articles

Data Science in Global Companies

"Data science at Alibaba."
https://blogisbis.wordpress.com/2017/11/16/data-science-at-alibaba.
"How Pirelli is becoming data driven."
https://www.pirelli.com/global/en-ww/life/how-pirelli-is-becoming-data-driven.
"Why you're not getting value from your data science." December 7, 2016.
https://hbr.org/2016/12/why-youre-not-getting-value-from-your-data-science.

On Deep Learning and Artificial Intelligence

"Artificial intelligence pioneer says we need to start over."
https://www.axios.com/artificial-intelligence-pioneer-says-we-need-to-start-over-1513305524-f619efbd-9db0-4947-a9b2-7a4c310a28fe.html.
"Deep learning: a critical appraisal."
https://arxiv.org/abs/1801.00631.
"Getting value from machine learning isn't about fancier algorithms – it's about making it easier to use." March 6, 2018.
https://hbr.org/2018/03/getting-value-from-machine-learning-isnt-about-fancier-algorithms-its-about-making-it-easier-to-use.
"IBM pitched its Watson supercomputer as a revolution in cancer care. It's nowhere close." September 5, 2017.
https://www.statnews.com/2017/09/05/watson-ibm-cancer.

Data and Data Integration

"A Cambridge professor on how to stop being so easily manipulated by misleading statistics."
https://qz.com/643234/cambridge-professor-on-how-to-stop-being-so-easily-manipulated-by-misleading-statistics.
"Data is not information."
https://www.technologyreview.com/s/514591/the-dictatorship-of-data/?_ga=2.105454147.1311780712.1522672939-1679466071.1522672939.
"Divide & recombine (D&R) with DeltaRho for big data analysis."
https://ww2.amstat.org/meetings/sdss/2018/onlineprogram/AbstractDetails.cfm?AbstractID=304537&utm_source=informz&utm_medium=email&utm_campaign=asa&_zs=IVpOe1&_zl=TX2b.4.
"Social media big data integration: a new approach based on calibration."
https://www.sciencedirect.com/science/article/pii/S0957417417308667.

Advanced Manufacturing, Vegetation, and Global Warming

"A road map for applied data sciences supporting sustainability in advanced manufacturing: the information quality dimensions."
https://www.sciencedirect.com/science/article/pii/S2351978918301392.

"Vegetation intensity throughout the year for Africa."
https://www.reddit.com/r/dataisbeautiful/comments/80o1ah/vegetation_intensity_throughout_the_year_for.
"What's really warming the world." June 24, 2015.
https://www.bloomberg.com/graphics/2015-whats-warming-the-world.

On Statistics and Academia
"Academics can change the world – if they stop talking only to their peers."
https://theconversation.com/academics-can-change-the-world-if-they-stop-talking-only-to-their-peers-55713?utm_source=twitter&utm_medium=twitterbutton.
"For survival, statistics as a profession needs to provide added value to fellow scientists or customers in business and industry."
http://www.statisticsviews.com/details/feature/4812131/For-survival-statistics-as-a-profession-needs-to-provide-added-value-to-fellow-s.html.
"Psychology journal editor asked to resign for refusing to review papers unless he can see the data."
https://boingboing.net/2017/03/02/psychology-journal-editor-aske.html.

On p Values
"p hacking."
https://www.methodspace.com/primer-p-hacking/?_ga=2.153362040.1311780712.1522672939-1679466071.1522672939.
"'To p or not to p' – my thoughts on the ASA Symposium on Statistical Inference."
https://blogisbis.wordpress.com/2017/10/24/to-p-or-not-to-p-my-thoughts-on-the-asa-symposium-on-statistical-inference.

Experiments
"'I placed too much faith in underpowered studies:' Nobel Prize winner admits mistakes."
https://retractionwatch.com/2017/02/20/placed-much-faith-underpowered-studies-nobel-prize-winner-admits-mistakes.
"In a big data world, don't forget experimentation." May 8, 2013.
http://blogs.hbr.org/2013/05/in-a-big-data-world-dont-forge.
"A refresher on randomized controlled experiments." March 30, 2017.
https://hbr.org/2016/03/a-refresher-on-randomized-controlled-experiments.
"The surprising power of online experiments." September 2017.
https://hbr.org/2017/09/the-surprising-power-of-online-experiments.

Statistical Potpourri
"Censor bias."
https://medium.com/@penguinpress/an-excerpt-from-how-not-to-be-wrong-by-jordan-ellenberg-664e708cfc3d?_ga=2.119218121.1311780712.1522672939-1679466071.1522672939.
"Cherry picking."
https://www.economicshelp.org/blog/21618/economics/cherry-picking-of-data/?_ga=2.110836549.1311780712.1522672939-1679466071.1522672939.

"The Hawthorne effect."
https://www.economist.com/node/12510632?_ga=2.182730470.1311780712.1522672939-1679466071.1522672939.
"Overfitting."
https://www.kdnuggets.com/2014/06/cardinal-sin-data-mining-data-science.html?_ga=2.144900084.1311780712.1522672939-1679466071.1522672939.
"A refresher on regression analysis." November 4, 2015.
https://hbr.org/2015/11/a-refresher-on-regression-analysis.
"A refresher on statistical significance." February 16, 2016.
https://hbr.org/2016/02/a-refresher-on-statistical-significance.
"Selection bias."
https://www.khanacademy.org/math/statistics-probability/designing-studies/sampling-and-surveys/a/identifying-bias-in-samples-and-surveys?_ga=2.178468836.1311780712.1522672939-1679466071.1522672939.
"Simpson's paradox."
https://www.brookings.edu/blog/social-mobility-memos/2015/07/29/when-average-isnt-good-enough-simpsons-paradox-in-education-and-earnings/?_ga=2.114356423.1311780712.1522672939-1679466071.1522672939.
"Spurious correlations."
http://www.tylervigen.com/spurious-correlations?_ga=2.80296535.1311780712.1522672939-1679466071.1522672939.